天下 雜誌
觀 念 領 先

BILL GATES

微軟創辦人比爾·蓋茲 親筆揭露未來經濟的方向

如何避免氣候災難

結合科技與商業的奇蹟，全面啟動淨零轉型新經濟

全新修訂版

HOW TO AVOID A CLIMATE DISASTER

THE SOLUTIONS WE HAVE AND THE *BREAKTHROUGHS WE NEED*

比爾·蓋茲 Bill Gates 著　張靖之、林步昇 譯

獻給引領我們的

科學家、創新者和社運人士。

如何避免氣候災難

全新修訂版

前言

從520億到零

如果溫室氣體淨排放量不歸零，
你我所擁有的一切就可能隨時歸零。

關於氣候變遷，你需要知道兩個數字：520億與零。520億是全世界每年排放到大氣中的溫室氣體噸數。這個數字每年有起有落，但基本趨勢是在增加，這是我們目前狀況。[1]

零是我們必須達到的目標。人類必須停止排放溫室氣體到大氣中，讓地球不再繼續暖化，才能避免氣候變遷帶來最嚴重的後果。這些後果真的非常可怕。

這聽起來好像很困難，確實不容易。人類世界從來沒有進行過這麼大的工程，這代表每個國家都必須改變運作方式。因為現代生活的每一種活動，舉凡耕種養殖、製造產品、交通運輸等，幾乎無一不在排放溫室氣體，而隨著人類社會的發展，還會有更多人開始過這種現代生活方式。這是好事，代表愈來愈多人的生活將獲得改善。但假設其他方面都沒有改變，全世界將會製造更多溫室氣體，氣候變遷就會持續惡化，幾乎可以肯定會給人類社會帶來一場大災難。

然而，「假設其他方面都沒有改變」是很大的疑問，我相信事情是可以改變的。我們已經有了一些必需的工具，至於還欠缺的部分，我從科技領域中理解到的新氣候解方，令我感到樂觀，相信我們有能力發明出來，並在有效運用下，成功躲過一場氣候大災難 —— 如果我們動作夠快。

這本書要講的就是我們必須採取什麼行動，以及我認為我們做得到的原因。

至零方休的革新

二十年前，我絕對想不到自己有一天會公開討論氣候變遷，更不用說寫一本關於氣候變遷的書。我的背景是電腦軟體，不是氣候科學，目前的全職工作是在蓋茲基金會（Gates Foundation），和共同會長梅琳達（Melinda French Gates）一起致力於推動全球衛生與發展，以及美國的教育。

我是因為注意到能源貧窮（energy poverty）問題，才開始關注氣候變遷的。[2]

蓋茲基金會在2000年代初剛起步時，努力解決的重大問題包括兒童死亡率、愛滋病等，為了進一步了解這些問題，我開始走訪非洲撒哈拉沙漠以南和南亞地區的低收入國家，但當時我腦子裡並不是一味只想著疾病問題。每回飛到那些地區的大城市，當我望向窗外，心裡總有個疑問：「外面怎麼這麼黑？如果是在紐約、巴黎或北京，一定是燈火通明，但這裡怎麼都沒有燈？」

---

1. 520億噸（指美噸，1美噸約0.907公噸，在接下來章節中統稱噸），是根據已發布最新數據算出來的。2020年因新型冠狀病毒肺炎大流行使經濟活動急劇減少，全球溫室氣體排放量大約降了4.5%，但隨著2021年經濟復甦，排放量可能又增加了約6%，所以我會以520億噸做為年排放總量。零則是指排放的淨值，後面章節會再説明。
2. 據英國定義：能源開支超出收入10%便屬能源貧窮。尤其開發中國家大量人口沒有現代能源服務，需耗費許多時間取得燃料或用骯髒燃料滿足所需。

歐烏盧貝・欽納齊（Ovulube Chinachi）現年九歲，住在奈及利亞的拉哥斯。我和梅琳達經常遇到像他這樣的孩子，只能靠微弱的燭光做功課。

在奈及利亞的拉哥斯（Lagos），我沿著沒有路燈的街道往下走，只見當地人用舊油桶生起火堆，大家擠在火光周圍。在偏遠的村莊，我和梅琳達見到每天花好幾小時撿柴回來生火煮飯的婦人和女童，以及挨著燭光做功課的孩子，因為他們家裡沒有電。

我漸漸認識到，全球約有10億人沒有穩定的電力來源，其中有一半是住在撒哈拉以南的非洲地區；從那時到現在，情況稍有改善，目前沒有電力的人口約8.6億。我想到我們基金會的座右銘：「人人都應該有機會過健康而有生產力的人生」，但地方診所要是沒有電可供冰箱運轉，無法低溫儲存疫苗，要人人健康談何容易？沒有電燈讓人隨時可以閱讀，如何人人都有生產力？沒有大量穩定、讓人負擔得起的電力滿足辦公室、工廠和客服中心的需求，更別奢望發展出人人都有工作機會的經濟。

差不多就是在那個時候，已故傑出科學家、英國劍橋大學教授大衛·麥凱（David MacKay）給我看一張圖表，這張圖表反映了收入與能源利用之間的關係，也就是一個國家的人均收入與人民用電量之間的關係。圖表的橫軸標出好些國家的人均收入，縱軸則標出人均能源消耗量，一看就知道這兩者的關係是正相關（見下頁圖表）。

漸漸理解這些訊息背後的意義之後，我開始思考，世界上的窮人要怎麼樣才能享有既穩定又負擔得起的能源。這個問題太大了，似乎不該由我們的基金會來承擔，我們必須專注於既有的核心使命。不過，我也開始和一些發明家朋友探討各種想法，同時進一步閱讀相關主題的書籍，包括科學家暨歷史學家瓦茨拉夫·史邁爾（Vaclav Smil）有好幾本令人大開眼界的著作，是他讓我了解到能源對現代文明是多麼重要。

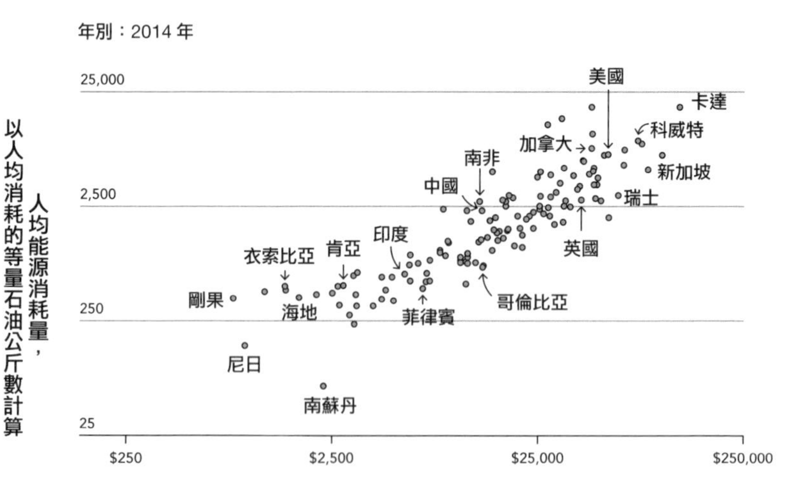

收入和能源消耗量是正相關：已故劍橋大學教授麥凱曾給我看了一張像這樣的圖表，從圖表中各國的位置，人均能源消耗量和人均收入之間的關係再清楚不過。（IEA, World Bank）

那時候，我還不知道我們必須把溫室氣體排放量減到零。排放量最大的富裕國家已經開始注意到氣候變遷問題，我以為這樣就足夠了。我把重點放在提倡讓窮人也能負擔得起穩定的能源。

原因之一是，能源價格低廉，窮人受益最大，不僅代表晚上有電燈，農業肥料也會更便宜，還有水泥可以蓋房子。而說到氣候變遷，窮人會蒙受的損失也最大，因為他們大多是本來就已捉襟見肘的農民，禁不起更多的乾旱和水災。

但在2006年年底，我和兩位微軟的前同事碰面之後，想法有了轉變。他們正著手成立跟能源和氣候有關的非營利組織，帶了兩位精通相關問題的氣候科學家一起來找我。他們給我看了一些數據，顯示出溫室氣體和氣候變遷之間的因果關係。

我知道溫室氣體正在使地球升溫，但我原本以為氣候的週期性變化或其他因素，自然會避免一場氣候大災難的發生。但實際上，只要人類持續排放溫室氣體，即使只是一丁點，溫度就會持續上升。這並不是個容易接受的事實。

我後來又去拜訪了這四人小組數次，進一步詢問了好些問題，漸漸搞清楚了眼前的狀況：要改善赤貧人口的生活，就必須生產更多能源，但與此同時，我們不能再增加溫室氣體的排放量了。

這下問題好像更加棘手，只提供便宜、穩定的能源給窮人還不夠，這種能源還必須是清潔的。

我繼續盡最大努力去理解氣候變遷的相關問題，跟氣候與能源、農業、海洋、海平面、冰川、電力線路等各領域的專家見面，閱讀聯合國政府間氣候變遷委員會（IPCC）發布的報告，IPCC專門針對氣候變遷的科學共識定調。我還看了理查・沃夫森（Richard Wolfson）教授在線上學習網站Great

Courses主講的一系列精采影音課程《變動中的地球氣候》（*Earth's Changing Climate*），也讀了《氣候懶人包》（*Weather for Dummies*），這本書依然是我至今讀過最好的氣候入門書。

我漸漸明白，現有的再生能源技術（主要是風力和太陽能），可以在解決氣候問題上取得重大進展，只是我們並沒有好好發揮它們的作用。[3]但我也認清了，單靠再生能源還不足以使溫室氣體排放量徹底減到零。風不會一直吹，陽光不可能總是照耀，而我們也還沒有發明出可以長時間儲存整座城市需電量、價格還要可接受的電池。更何況，發電只占溫室氣體排放總量的26%，就算電池技術取得重大突破，還有其餘74%的排放量必須解決。

幾年之後，我終於確認了以下三件事：

1. 我們要避免氣候災難，溫室氣體排放量必須減到零。
2. 我們得加快腳步，以更有智慧的方式有效運用太陽能和風力等現有工具。
3. 我們必須推出突破性的創新技術，把發電以外的排放量也減到零。

零排放是個毫無商量餘地的目標。溫室氣體排放量不減到零，地球溫度就會持續升高。

這裡有個比喻特別有助於理解：氣候就像開著水龍頭的浴缸，水正在慢慢地注滿，即使把水流速度減到最慢，一滴滴的流出，最終還是會溢出來。這就是我們必須預防的災難，只以減少排放為目標沒有用，零排放才是唯一合情合理的目標。關於零排放，第一章會詳細說明，包括零排放代表了什麼，以及對氣候變遷的強大作用。

我當年積極認識這些氣候問題，並不是打算挑起這個重擔。我和梅琳達已經選擇了全球衛生與發展，還有美國教育，做為我們理解問題、聘請專家、投入資源的兩大領域。更何況已經有許多名人在喚醒大眾對氣候變遷問題的關注。

因此，我雖然更投入，仍沒有把氣候變遷當作優先事項。但只要有時間，我就會閱讀相關資料，跟這方面的專家會面。我投資一些清潔能源公司，並投入數億美元成立了一家公司，設計在生產清潔電力的同時，可以產出極少核廢料的新一代核電廠。我也以「至零方休的革新」（Innovating to Zero）為題，發表了一場TED演講，但大多數時候，我還是把重心放在蓋茲基金會的工作。

3. 還有一種再生能源技術是水力發電，利用河水流經大壩的傾瀉力道產生電力。事實上這是美國最大宗的再生能源，但可開發的水力發電資源幾乎都已被開發了，成長空間有限。因此主要必須靠其他再生能源來增加清潔能源的產量。

然而，到了2015年春天，我覺得自己必須站出來積極表態，多做點事了。那陣子，我不斷在新聞報導中看到美國各地的大專院校學生發動靜坐抗議，要求校務基金從化石燃料產業撤資。在那一波運動中，英國《衛報》發起遊說行動，呼籲我們的基金會賣掉原本投資在化石燃料產業的一小部分基金。該報還製作了一支影片，在影片中，來自世界各地的人都開口請求我撤資。

我能理解《衛報》為什麼單挑我和蓋茲基金會，也很佩服這種社會運動的使命。我在越戰時期看過學生的反戰示威，後來也經歷過學生抗議種族隔離政策，這些社會運動確實讓事情有所改變。如今，氣候變遷議題開始出現這種能量，很令人感到鼓舞。

另一方面，我不斷想到在低收入國家目睹的情形。比方說，印度有14億人口，其中有許多是處於世界底層的赤貧人口。我相信任誰都沒有資格告訴印度人，他們不能有電燈給孩子讀書，或者他們活該在熱浪來襲時中暑而死，只因為裝冷氣很不環保。我唯一能想到的解決辦法，就是把清潔能源變得更便宜，便宜到每個國家都用它來取代化石燃料。

我很佩服抗議者的使命感，但看不出光靠撤資，要怎麼阻止氣候變遷和幫助貧窮國家的人民。以撤資來對抗種族隔離政策是一回事，畢竟政治政策必須回應經濟的壓力；想靠賣掉化石燃料業者的股票來改變全球能源供應，又是另一回事。那是每年價值約5兆美元的產業，也是現代經濟的基礎。

我到現在還是這麼認為，但也想通了應該放棄化石燃料相關持股的理由：我不想看到這些公司因為不去開發零碳替代能源而股價上漲，也不想因此獲利；從延緩零排放的目標中獲利，我會於心不安。於是在2019年，我個人和管理蓋茲基金會捐款的信託基金出清了石油和天然氣公司的持股。至於燃煤產業，我早在好幾年前就已不再投資。

這是我個人的選擇，也是夠幸運才能做的選擇，但我很清楚這對減少排放不會有實質的影響。要達到零排放，需要有更全面的做法，運用我們手中全部的工具來推動全面轉型，例如政府的政策、現有技術、創新發明、有能力挹注資金以便向大量人口提供產品的私募市場等等。

2015年稍晚，出現了一個鼓勵革新和新投資的機會：COP 21，這是聯合國於11月30日至12月12 日在巴黎舉行的氣候峰會。會議正式召開前幾個月，我和當時的法國總統法蘭索瓦·歐蘭德（François Hollande）見面，歐蘭德希望吸引私募投資人參加氣候峰會，我也希望能源革新的議題引起大家的關注，我們兩人都覺得這是個機會。他認為我可以吸引投資人的參與，我說這固然有道理，但如果政府也能承諾在能源研究上投入更多資金，肯定更容易吸引投資人。

要政府投資能源研究未必是一件容易的事，就連美國，在這方面的投資也遠低於衛生、國防等重要領域（至今依然如此）。有些國家確實稍微擴大了能源研究的力度，但資金水平仍然偏低，而且除非能夠確定會有私人企業投入足夠資金，把想法帶出實驗室，變成對大眾真正有用的產品，否則政府也不願意投入更多。

可是到了2015年，私募資金漸漸枯竭，許多投資綠色技術的創投公司因為回報太低，決定退出這個產業。這些公司習慣了生物科技和資訊科技投資的快速回報，要面對的政府法規也比較少，而清潔能源完全不是這麼回事，所以他們不打算再玩下去了。

我們顯然需要引入新資金，對於清潔能源也要有不同的思路。2015年9月，也就是巴黎峰會開始前的兩個月，我發電子郵件給二十幾位富有的友人，希望說服他們投入創業資金，以補足政府投入的研究經費。這類投資必須是長期的，因為能源技術的突破可能耗時幾十年；此外，投資人也得承擔很大的風險。為了避免之前創業投資人所遇到的困難，我承諾建立一支專家團隊，一方面審核新創公司，另一方面幫助新創公司應付能源產業的複雜法規。

大家的回應令我很欣慰，第一位投資人在四小時內就回覆答應了，到兩個月後巴黎峰會開幕時，另外二十六位也同意加

在 2015 年的聯合國巴黎氣候峰會上，與世界各國領袖一同發起「創新任務」。

入。我們把這項合作取名為突破能源聯盟（Breakthrough Energy Coalition），目前這個組織正名為「突破能源」，業務包括慈善事業、議題倡導和私募基金。私募基金總共投資了超過八十五家前景看好的新創公司。

各國政府也積極響應，在巴黎峰會聚首的二十位國家元首，承諾把能源研究經費提高一倍。時任法國總統的歐蘭德、美國總統巴拉克．歐巴馬（Barack Obama）和印度總理納倫德拉．莫迪（Narendra Modi）是促成這項行動的重要人物，莫迪還想出行動名稱：創新任務（Mission Innovation）。目前，創新任務的成員有二十四國和歐盟委員會，每年投入清潔能源研究的新增經費達到46億美元，在短短幾年內成長超過50%。

接下來的轉折點說來灰暗，但每位讀者應該都不陌生。

2020年迎來一場災難，一種新型冠狀病毒在全世界傳播開來。任何略知流行病史的人，應該都不會對新冠病毒造成的嚴重疫情感到太意外。我極為關注全球衛生問題，從多年前就開始研究疾病的爆發，一直很擔憂全球還沒準備好應付像1918年流感那樣的疾病大流行；那場大流行病造成幾千萬人死亡。我在2015年做過一場TED演講，同時在幾次採訪中，也提出我們需要建立一個檢測和應對疾病大規模爆發的系統。不只是我，包括美國前總統布希在內的好些人，都提出過類似論點。

遺憾的是，全球還是沒有做好準備。當新冠病毒爆發，疫情造成巨大的人命損失，以及自大蕭條以來最嚴重的經濟痛苦。我和梅琳達雖然沒有完全停下應對氣候變遷的相關工作，但我們都把主要心力放在對抗新冠病毒，把它當作蓋茲基金會的優先事項，每天和任職於大專院校或民營公司的科學家、藥廠執行長、政府官員交換意見，了解基金會可以如何幫助加速篩檢、治療和疫苗的工作。到2020年11月，我們已經撥款超過4.45億美元，做為對抗新冠病毒的補助經費。另外還投入幾億美元的投資基金，幫助低收入國家可以更快獲得疫苗、篩檢試劑和其他重要物資。

由於經濟活動大幅衰減，2020年全球的溫室氣體排放量比前一年少。我前面提過，減幅大約是4.5%。換算成實際數字，也就是我們在2020年的排放量，大約是500億噸，而不是

520億噸。

這是有效的減幅，假如溫室氣體排放量每年都能保持這樣的降幅，我們就可以高枕無憂了。很可惜，這是不可能的事。

想一想，我們付出了多少代價才有這4.5%的減幅：全球有上百萬人死亡，幾千萬人失業。沒有人希望疫情持續下去，更別說重來一遍。歷經如此大災難，而全球溫室氣體排放量卻只不過下降了4.5%。疫情使溫室氣體排放量下降，我感到驚訝的不是降這麼多，而是怎麼降這麼少。

這一點點減幅證明了我們不能光靠少搭飛機、少開車來達到零排放，甚至就連那些被我們視為減少排放的主要途徑，效果都十分有限。正如對抗新型冠狀病毒，我們需要新檢驗、新療法和新疫苗，對抗氣候變遷一樣需要新工具，以零碳方式來發電、生產製造、耕種養殖、調節室內溫度、運載人員和貨物；此外，還需要新的種子和其他創新技術，幫助主要為小農的全球赤貧人口適應變暖的氣候。

當然，除了技術性的工具以外，我們還有其他跟科學與經費無關的障礙。特別是在美國，氣候變遷的討論已經被政治綁架，情況有時糟得好像根本不可能有任何改變。

我的思維比較像工程師，不是政治人物，所以也不知該如何解決氣候變遷的政治問題，能做的只是把討論重點放在該怎麼達到零排放：我們必須傾全世界之力、投入全人類的科學頭腦，讓現有的清潔能源方案能被有效運用，同時發明新技術，以徹底停止排放溫室氣體到大氣中。

關鍵在清潔能源如何變得便宜又穩定

我知道自己不是傳播對抗氣候變遷理念的理想人選，這個世界並不缺滿懷抱負的人，也不缺喜歡告訴別人怎麼做的有錢人，或以為科技可以解決一切的新貴。而且，我坐擁大房子，出入搭私人飛機；事實上，我去巴黎參加氣候峰會就是搭私人飛機去的。所以，在環保問題上，我有什麼資格教訓別人呢？

以上三項罪名，我全都承認。我沒辦法否認自己是有想法的富人，但我相信這些想法是經過深入理解後才形成的，而且我總是努力不懈地讓自己懂得更多。

沒錯，我是科技迷，隨便丟一個問題給我，我就會找科技方法來解決。說到氣候變遷，我知道我們需要的絕不只是技術創新，但地球要維持宜居，卻不能沒有技術創新。科技不是萬能，如今沒有科技卻是萬萬不能。

最後，我的碳足跡實在高得離譜。多年來，我一直對此感到內疚。我原本就知道自己的碳足跡很高，由於寫這本書，更加意識到自己有責任減碳。身為憂心氣候變遷、公開呼籲大家攜手對抗的一份子，減少個人碳足跡是最基本該做到的事。

我從2020年開始購買永續航空燃料，預計到2021年就會完全抵銷我和家人搭飛機所造成的碳足跡。至於其他方面的碳足跡，我向一家專門清除空氣中二氧化碳的工廠購買碳補償，這種名為「直接空氣捕集」（direct air capture，簡稱DAC）的技術，我會在第四章進一步介紹。此外，我也資助一家專門幫芝加哥的合宜住宅升級為清潔能源住宅的非營利機構，並且持續尋找其他減少個人碳足跡的做法。

我也投資零碳技術，希望這也算是我個人碳足跡的補償，前後已經投入超過10億美元，但願這些技術最終能幫助全球實現零排放，研發出穩定而人人負擔得起的清潔能源，還有低碳的水泥、鋼鐵和肉類等。而在直接空氣捕集技術方面，我不知道還有誰投資得比我多。

當然，投資新創公司並不足以使我的碳足跡變少，但隨便舉哪位成功人士都好，他們需要清除的碳足跡肯定比我或我的家人多出許多。更重要的是，現在的目標不僅是要任何個人補償自己的碳足跡，而是要避免氣候災難。因此，我資助清潔能源的初期研究、投資前景看好的清潔能源公司、提倡能給全球帶來突破性發展的政策，同時鼓勵其他有資源的人也這樣做。

重點在於，儘管像我這樣的重度排碳者應該減少能源用量，全球整體其實應該使用更多由能源提供的產品和服務，只要是零碳能源，消耗更多能源就不是問題。解決氣候變遷問題的關鍵，就是使清潔能源和化石燃料一樣便宜和穩定，我正投入最大的努力，以我認為可行的方式朝這個目標邁進，希望能在每年520億噸減到零排放的過程中，做出有意義的貢獻。

掌握5大面向，全面啟動淨零排放新經濟

本書旨在建議一條前進的道路，指出一系列可以採取的行動，讓我們有最大的機會避免氣候災難發生。全書大略分為5個部分：

為什麼要歸零？我會在第一章詳細說明為什麼一定要減到零排放，指出地球升溫後，目前已知（以及未知）會給世界各地的人帶來什麼影響。

壞消息：零排放真的很難。為了達標而制定計畫時，首先必須務實地盤點眼前的障礙，因此，第二章會花一點時間檢視我們面臨的難題。

如何進行有根據的氣候變遷討論？關於氣候變遷，你可能聽過很多莫衷一是的數據，我會在第三章加以釐清，並分享我在進行氣候變遷討論時，一定會謹記在心的幾個問題。這些問題使我在無數情況下免於犯錯，希望對你也有幫助。

好消息：我們做得到。從第四章到第九章，我會逐一說明哪些是現有技術可以解決的、哪些是還需要突破的。這是全書

篇幅最長的部分，因為要談的領域實在太多了。我們已經有一些解決方案，現在必須大規模落實運用。此外，接下來幾十年中，我們還需要開發大量的技術，並在全世界廣泛運用。

有些技術令我特別期待，我會一一介紹，不過不會列出公司名稱，因為我投資了其中一些公司，要避免從中圖利的嫌疑。但更重要的是，我希望把重點放在想法和創新，而不是某幾家公司。有些公司也許過幾年就會倒閉，從事最尖端工作本來就是這樣，但這未必代表失敗，重要的是從失敗中學習，把教訓帶入下一次的創業冒險中，就像微軟當初那樣。我知道的每一位創新者也都走過這樣的路。

最後，我會**提出現在就能採取的行動**。我寫這本書不只是因為看到氣候變遷的問題，還因為看到解決問題的機會。這不是樂觀主義者的天馬行空，成就任何大事業都必須具備三個條件，而我們已經有了其中兩個：首先，我們有雄心，多虧了對氣候變遷感到憂心忡忡的年輕世代，他們在全球掀起的氣候運動正凝聚出強烈的使命感；其次，隨著全球各地的政府和地方領袖承諾盡自己的一份力，我們也有了解決問題的大目標。

現在，我們還需要第三個條件：實現目標的具體計畫。

正如我們的雄心是來自對氣候科學的理解，任何務實的減排計畫也必須是由科學驅動，比如物理學、化學、生物學、工程學、政治學、經濟學、金融學等等。因此，在本書最後幾章，我會根據從所有這些學科的專家那裡蒐集到的意見，提出一個計畫，第十章和第十一章會介紹政府可以採行的政策，第十二章則會提出人人都能採取的行動，幫助全球達到零排放。不管你是政府官員、企業家，還是忙忙碌碌的一般人，都可以做點什麼來避免氣候災難。

就這樣，我們開始吧。

第一章

為什麼要歸零？

能成功實現零碳的企業和打造零碳產業的國家，
將會在未來幾十年中領導全球經濟。

我們必須減到零排放的理由很簡單，溫室氣體會困住熱能，導致地球的平均表面溫度升高，而溫室氣體愈多，溫度上升幅度愈大。不僅如此，溫室氣體一旦排放到大氣中，就會停留很長時間。我們現在排放的二氧化碳，大約有五分之一在一萬年後還存在大氣中。

所以，不要再奢望我們可以繼續排碳，而地球的溫度維持不變，這樣的可能性並不存在。地球溫度愈高，人類就愈難生存，更別提繁榮進步了。我們沒辦法確切知道溫度升高若干度，會帶來多大的傷害，但絕對有充分理由應該擔心。而且，由於溫室氣體在大氣中停留的時間很長，即使排放歸零之後，因此造成的地球熱度仍然會持續很長一段時間。

誠然，我所謂的「零」，說法很不精確，我應該把意思說得更清楚些。在前工業時代（大約18世紀中葉以前），地球的碳循環大致處於平衡狀態，也就是說，排放到空氣中的二氧化碳，差不多都被植物和其他東西吸收了。

然後，人類開始燃燒化石燃料，這種燃料是儲存在地底的碳元素，是萬古以前植物死亡腐爛後，經過幾百萬年沉積而成的石油、煤或天然氣。當人類把這些燃料挖掘出來，加以燃燒，就排放出額外的碳，大氣中的碳總量就增加了。

務實地來看，我們完全不可能徹底放棄使用這些燃料，或停止包括製造水泥、使用化肥、開採天然氣（會洩漏甲烷）在內所有會製造溫室氣體的活動來達到零排放。幾乎可以肯定在未來可能的零碳世界裡，人類依然會製造一些溫室氣體，但同時也會有辦法清除因此排放出來的碳。

換句話說，零排放的「零」不是真的零，而是排放的「淨值接近零」。這不是一場通關考試，減排達到100%就前途光明，減排99%就大難臨頭。但減得愈多，好處當然愈大。

減排50%不會使地球溫度停止上升，只是升溫速度會慢下來，氣候災難會慢一點降臨，但遲早還是會發生。

假設我們做到減排99%好了，哪些國家和產業可以使用剩下的1%排放額度？這種事情究竟要怎麼做決定？

事實上，為了避免氣候變遷發展成最壞的結果，我們遲早得停止排放，還有開始清除已經排放到大氣中的溫室氣體。這種做法叫做「淨負排放」（net-negative emissions），意思就是總有一天，我們從大氣中移除的溫室氣體必須比排放的多，以免溫度上升得太多。再以前面的浴缸比喻：我們不只要關上水龍頭，還要打開浴缸的排水孔讓水流掉。

我想讀者應該不會是第一次聽到沒有減到零排放的風險，畢竟新聞裡幾乎天天有氣候變遷的報導。這也是應該的，氣候變遷確實是迫在眉睫的問題，值得占據所有的新聞版面。但媒體的報導可能很混亂，有時甚至自相矛盾。

在本書中，我會設法釐清一些令人困惑的訊息。這些年來，我有機會向世界頂尖的氣候和能源科學家請教，跟他們的討論是永無止境的，因為當新的數據被考慮進來，用來預測未來不同可能性的電腦模型精確度就獲得改善，科學家對氣候的理解也跟著不斷進化。這對我釐清混雜的訊息也非常有幫助。我明白了哪些事十之八九會發生，哪些又是發生機率不高的。我由此得出的結論：唯一能避免災難性後果的辦法，就是減到零排放。這一章就是要說明我理解到的狀況。

幾度的變化，影響就很大

一開始我感到很驚訝，全球氣溫只要上升一點點（攝氏1、2度），就足以造成很大的麻煩。但這是千真萬確的，在氣候領域，幾度的變化就是天大的事。上一個冰河時期，地球的平均溫度只比現在低攝氏6度；在恐龍活躍的年代，地球平均溫度比現在高了約攝氏4度，北極圈成了鱷魚的棲地。

別忘記還有很重要的一點，這些平均數字掩蓋了落差很大的溫度分布。從前工業時代至今，全球平均溫度雖然只上升攝氏1度，有些地方的溫度卻已經上升了攝氏2度以上，而這些地區住了全球20%到40%的人口。

為什麼有些地方的溫度上升幅度會比較大？這是因為有些大陸的內陸地區土壤比較乾燥，土地比以前更難降溫。基本

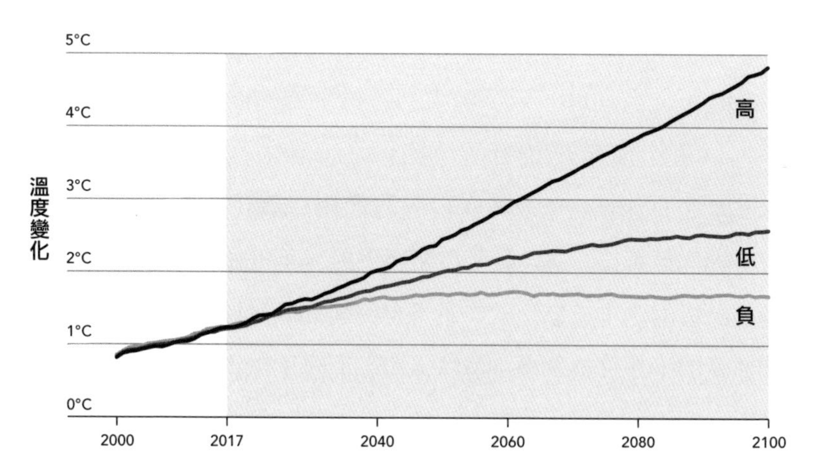

你應該知道的三條線：這三條曲線顯示三種情況下的地球溫度變化，分別是溫室氣體排放量大幅增加（高）、小幅增加（低）、從大氣中清除的碳比排放的多（負）。（KNMI Climate Explorer）

上，目前所有大陸地區的水氣都比以前少。

那麼，地球暖化和溫室氣體排放又有什麼關係？我們從基本概念說起。二氧化碳是最常見的溫室氣體，但還有其他好幾種溫室氣體，例如一氧化二氮和甲烷。你可能在看牙醫的時候「享用」過一氧化二氮，俗稱笑氣；甲烷則是天然氣的主要成分，你家裡的瓦斯爐或熱水器可能就是使用天然氣。以分子計算的話，許多溫室氣體造成的暖化效果比二氧化碳還嚴重，例如甲烷，一旦到達大氣層，暖化效果是二氧化碳的120倍，只不過甲烷停留在大氣中的時間不像二氧化碳那麼久。

為了便於理解，大多數人把各種不同的溫室氣體合併起來，以單一度量單位計算，叫做「二氧化碳當量」(carbon dioxide equivalents，縮寫CO_2e)。我們用二氧化碳當量來處理有些溫室氣體比二氧化碳吸收更多熱能，但停留時間較短的問題。可惜的是，二氧化碳當量不是完美的衡量標準，畢竟，我們在意的不是排放了多少溫室氣體，而是地球溫度升高，以及帶給人類的影響。在這方面，像甲烷這樣的氣體要比二氧化碳糟糕得多，不但會使溫度立即上升，而且是升高不少。以二氧化碳當量為計量單位的時候，這種重要的短期影響就無法完全呈現出來。

儘管如此，這仍然是目前計算排放量最好的方法，經常會在氣候變遷的討論中出現，所以我在本書中也使用這個單位。我一直提到的520億噸，就是全球每年排放的二氧化碳當量，你可能會在其他地方看到370億噸之類的數字，那僅指二氧化碳，不包括其他溫室氣體；你也可能看到100億噸，那就只有碳而已。為了文字的變化，也因為左一句「溫室氣體」、右一句「溫室氣體」，讀到第一百遍你的眼睛大概就花了，所以我有時候會用「碳」做為二氧化碳和其他溫室氣體的代名詞。

自1850年代以來，溫室氣體排放量就因為燃燒化石燃料等人類活動而節節攀高。下頁圖左邊呈現自1850年以來，二氧化

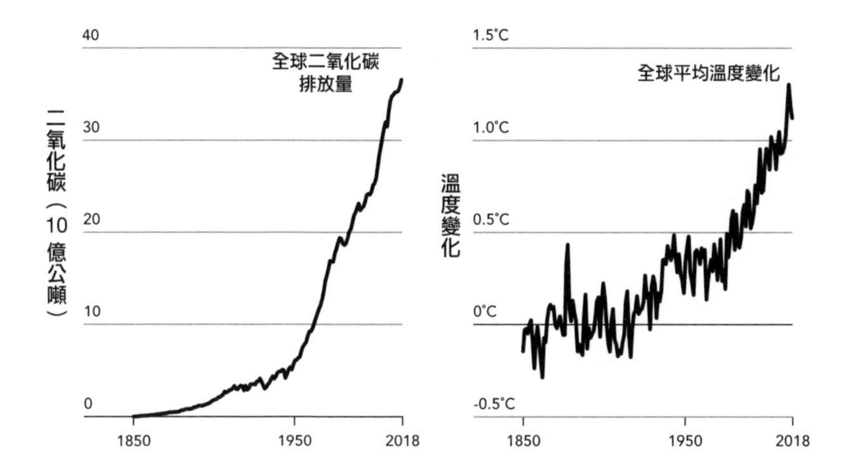

二氧化碳排放量增加，全球溫度跟著攀升：左邊呈現自 1850 年以來，二氧化碳排放量因為工業化和燃燒化石燃料而不斷增加；右邊則可以看出全球平均溫度也跟著二氧化碳排放量節節攀升。（Global Carbon Budget 2019；Berkeley Earth）

碳排放量增加的情形；從右邊則可看出全球平均溫度在攀升。

溫室氣體如何使地球暖化？簡單說，這些氣體會吸收熱能，再把熱能困在大氣中，效果和溫室一樣，也因此得名。

其實，你一定看過溫室效應的作用，只是規模小得多，就是每當汽車停在太陽底下時，陽光透過擋風玻璃進入車廂，而擋風玻璃又把部分熱能困在裡面，這就是車內溫度有可能比室外高出許多的原因。

然而，這個解釋只會帶出更多問題：太陽的熱能既然可以穿過溫室氣體到達地球，為什麼又會被溫室氣體攔截而困在大氣中？難道二氧化碳就像一面超大單向鏡？再說，既然二氧化碳和甲烷會困住熱能，怎麼氧氣就不會？

答案就在化學和物理的巧妙結合。你也許還記得物理課堂上曾經學過：分子都會振動，振動得愈快的分子就愈熱。當某些類型的分子受到某種波長的輻射撞擊，分子會吸收輻射的能量而振動得更快，因而把輻射阻擋下來。

並不是所有輻射的波長都正好可以引起這種效應，例如太陽的光線，就可以穿過大多數溫室氣體，不會被吸收。因此大部分的太陽光會到達地球、加熱地面，亙古以來一直是這樣。

問題在於，這些熱能不會永遠停留在地球表面，如果會的話，地球早已經熱得受不了。部分熱能會輻射回太空，而波長恰好就在會被溫室氣體吸收的範圍，因此熱能不是安然穿過大氣層進入太空，而是撞上溫室氣體的分子，使分子振動得更快，大氣也因而加溫。順帶一提，我們應該慶幸有溫室效應，否則地球會冷得不適合人類居住，問題是太多的溫室氣體造成過度溫室效應。

為什麼不是所有氣體都有同樣的效果？因為具有兩個相同原子的分子，例如氮或氧分子，會讓輻射直接穿透，只有由不同原子組成的分子，像二氧化碳和甲烷分子，才具有吸收輻射、漸漸加溫的結構。

這就是「為什麼一定要減到零排放」的前半部答案：因為我們排放到大氣中的每一丁點碳，都會加劇溫室效應，這是一翻兩瞪眼的物理問題。

後半部答案，則是關於這些溫室氣體對氣候產生的重大作用，還有人類會如何受到影響。

已知的事和未知的事

關於氣候會怎麼變化、為什麼會變化，科學家還有很多待理解的地方。聯合國IPCC的報告一開始就承認，有些預測結果還難以確定，例如溫度上升的幅度和速度，以及不同的升溫程度會導致什麼連鎖效應等。

有個問題是，電腦模型遠非完美。氣候系統的複雜程度超乎想像，我們還有很多不解之處，例如雲會怎麼影響暖化、溫度升高會如何影響生態系等等。科學家正努力找出這些缺口，把空白填補起來。

話雖如此，科學家其實也已經知道得夠多了，可以有把握地指出，不減到零排放會有什麼後果，以下是幾個重點。

地球正在暖化，因為人類活動引起的暖化，影響很糟糕，而且未來會變得更糟糕。我們有充分的理由相信，終有一天會演變成大災難。那一天會是三十年後，還是五十年後？我們無法確定，但考慮到解決這個問題有多艱難，即使最糟糕的情況是五十年後才會發生，我們也必須馬上採取行動。

自前工業時代以來，我們已經使地球溫度升高了至少攝氏1度。如果不減少排放，很有可能到本世紀中葉，升溫幅度就會達到攝氏1.5到3度之間，到本世紀末，升溫更會達到攝氏4到8度。

溫度升高勢必導致氣候的各種變化，在解釋會發生什麼事之前，我要先說明：科學家可以預測大趨勢，例如「炎熱天氣會變多」、「海平面會上升」，但沒辦法把某個事件歸咎於氣候變遷。舉例來說，當熱浪來襲，我們沒辦法說它是或不是由氣候變遷引起的，只能說氣候變遷使熱浪發生的機率增加了多少。至於颱風或颶風，目前還不清楚海洋變暖是否導致風暴的數量增加，但有愈來愈多證據顯示，氣候變遷使風暴帶來更大的雨量，強烈風暴也變得更多。我們也不清楚這些極端氣候事件會不會相互影響，或者相互影響到什麼程度就會產生更嚴重的後果。

那我們還知道什麼？

首先，十分炎熱的日子肯定會變多。我可以舉出全美各地城市的統計數據，不過決定挑新墨西哥州的阿布奎基市（Albuquerque）來說明，因為對這個地方我特別有感情：

1975年，我和保羅・艾倫（Paul Allen）就是在這裡成立微軟（Microsoft，說得更精確一點，當時是Micro-Soft，幾年後我們做了明智的決定，刪了連字號，並把S改成小寫）。在1970年代中期，我們剛創業的時候，阿布奎基市平均每年有36天，溫度超過攝氏32度。預計到本世紀中葉，該市的溫度計每年飆破32度的日子至少會增加一倍；到了本世紀末，這種大熱天可能多達114天。換句話說，本來每年約有一個月的大熱天，未來將增加到三個月。

氣候變得更悶熱，但不是所有人都同樣受苦。比如，我和保羅在1979年把微軟搬到西雅圖地區，這個地區的人日子應該相對好過些，比起1970年代每年平均只有一到兩天有攝氏32度高溫，到了本世紀末，每年這樣的高溫天數可能多達14天。而有些地區甚至可能因為氣候變暖而受惠，例如在寒冷地區，因失溫和流感死亡的人數會減少，住家和辦公室的暖氣費用也會降低。

但從整體趨勢來看，氣候變暖會造成嚴重問題，而且溫度升高是有連鎖效應的，例如風暴會愈來愈劇烈。風暴會不會因為高溫而更頻繁發生，科學家還沒有定論，但日漸增強看來是基本趨勢。我們知道當平均溫度升高，地球表面會有更多水氣蒸發到空氣中，水蒸氣也是溫室氣體，但和二氧化碳或甲烷不同的是，它不會在空氣中停留太久，最後會變成雨或雪回到地面。經歷過大雷雨的人一定都知道，水蒸氣凝結成雨的時候，會釋放出很大的能量。

再強烈的暴風雨，一般幾天也就過去了，但後遺症卻會持續很多年，例如人命的傷亡，這本身就是悲劇，而倖存者不但痛失親人，通常還變得一貧如洗。颱風、颶風和洪水也會摧毀多年建設的樓房、道路和輸電線，雖然還是可以重建，但因此消耗掉的金錢和時間，原本可以投入建設經濟、促進成長，向前邁進，現在卻消耗在不斷追趕之前的進度。有一項研究估計，2017年的瑪麗亞颶風使波多黎各的基礎建設倒退了二十幾年。下一次的超級風暴什麼時候會來，再把波多黎各打回原形？沒有人知道。

這些強烈風暴正在製造一種奇怪的兩極化現象：有些地方降雨變多，有些地方卻更頻繁地出現嚴重的乾旱。熱空氣會鎖住較多水氣，所以空氣溫度愈高，就變得愈飢渴，會吸收更多土壤裡的水分。到本世紀末，美國西南部的土壤水分預計將減少10%到20%，發生乾旱的機率將至少增加20%。同樣受乾旱之苦的還有科羅拉多河，這條河不但供應將近四千萬人的飲用水，還灌溉了全美七分之一以上的農作物。

氣候變暖也表示森林野火會更頻繁，火勢更猛烈，暖空氣吸收了植物和土壤裡的水分，每一樣東西都變得更容易燃燒。在這方面，全球各地區的狀況不盡相同，因為每個地方的環境

一項研究估計，瑪麗亞颶風使波多黎各的電力網建設倒退了二十幾年。

都很不一樣，但加州的情況特別能凸顯事情的嚴重性。目前當地野火發生的頻率是1970年代的五倍，主要原因是野火季變長，森林裡又有更多易燃的枯木。根據美國政府的估計，這種情況有一半原因是氣候變遷造成的，而且到了本世紀中葉，全美國遭到的野火破壞，可能會增加一倍以上。還沒忘記2022年美國可怕野火季的人，應該很難不感到憂心。

暖化的另一個作用是海平面上升，這一方面是由於極地的冰層融化，另一方面是受熱的海水會膨脹（金屬也一樣會熱脹冷縮，所以當戒指卡在手指上時，用熱水沖一下就可以鬆脫）。儘管全球平均海平面整體上升的幅度聽起來不算大，到2100年大概會上升數呎，但漲潮對部分地區的影響會非常嚴重。不難想像，濱海地區會很危險，但土質特別鬆軟的城市也好不到哪兒去。

邁阿密已經出現即使沒有下雨，海水也會從排水溝倒灌出來的現象，這叫做「晴天淹水」。未來情況不可能會好轉。根據IPCC報告中暖化程度中等的預測，到2100年，邁阿密周圍的海平面將上升大約60公分，另一方面，邁阿密部分陸地正在沉降，因此海面可能還會升高30公分。

海平面升高對全球最貧窮地區將造成更嚴重的影響，近年來積極脫貧的孟加拉，就是最好的例子。這個國家一向受劇烈天氣所苦：在孟加拉灣有好幾百公里的海岸線，大部分國土都是低窪、容易淹水的三角洲地帶，每年的雨量又很驚人。氣候變遷只會讓當地的生活更加艱難。拜熱帶氣旋、風暴潮及河水氾濫之賜，現在孟加拉國土經常有20%到30%淹在水中，不但農作物、房屋被摧毀，更造成人命的傷亡。

最後，暖化和造成暖化的二氧化碳，還會直接影響到動植物。根據IPCC所引用的研究，溫度升高攝氏2度，脊椎動物的地理分布範圍就會減少8%，植物與昆蟲的分布範圍則分別減少16%、18%。

至於我們的糧食，情況有好有壞，但前景基本上相當嚴峻。一方面，空氣中的碳濃度高，會使小麥和好幾種其他植物生長得更快，需要的水分也較少；另一方面，玉米特別不耐高溫，它又是美國的第一大農作物，年產值超過500億美元，僅愛荷華一州，就有超過526萬公頃的玉米田。

放大到全球來看，氣候變遷會如何影響每公頃作物的糧食產量，有多種不同的可能性。在部分北方地區，產量可能會增加，但大多數地區都會下降，下降幅度從幾個百分點到最高達50%不等。到本世紀中葉，氣候變遷有可能使南歐的小麥和玉米產量銳減一半；非洲撒哈拉以南地區的農民可能得看著幾十萬公頃的土地變得更乾燥，生長季節也縮短20%；本來就已經把一半以上收入花在食物上的貧窮地區人口，得面對食物價格再上漲20%以上；生產小麥、大米和玉米，養活全世界五分之一人口的中國，可能迎來極度乾旱，引發區域性、甚至是全球的糧食危機。

暖化對人類養殖、做為食物和獲取乳汁的動物也不是好事，動物的生產力會下降，也更容易早夭，肉類、蛋、乳製品都會變得更加昂貴。靠海產維生的地區也會面臨挑戰，因為海水不但溫度升高，也出現兩極化現象：有些水域含氧量太高，有些水域含氧量則又太低，結果就是魚類和各種海洋生物往不同的水域遷徙，要不就是相繼死亡。如果暖化幅度達到攝氏2

度，珊瑚礁恐怕將全部消失，超過10億人口將因此失去主要的海產來源。

天氣剩下乾旱和暴雨

你也許以為地球升溫1.5度或2度不會造成多大差別，但從氣候科學家模擬的結果看來，情況卻很不妙。在很多方面，溫度升高2度的情況，不會只是比升高1.5度糟糕33%，糟糕程度是倍增的，例如難以取得乾淨用水的人口會多一倍，熱帶地區的玉米產量衰減也會多一倍。

氣候變遷造成的效應，單單一項就夠慘了，但不會有人只遇到炎熱天氣，或者只遭受洪災，氣候不是這樣運作的。氣候變遷的效應會全部加在一起，環環相扣。

比方說，隨著氣候變暖，蚊子會在新的地區出現。蚊子喜歡潮溼的環境，會從變乾燥的地區遷移到水氣變多的地區。於是，我們會看到瘧疾和其他蟲媒傳播疾病在以往從沒出現過的地方冒出來。

中暑會成為另一個主要問題，這跟空氣的溼度密切相關。空氣中可以容納的水氣有一定限度，當溼度太高，就會達到飽和，沒辦法再吸收更多水分。這為什麼會造成問題？因為人體必須靠空氣吸收蒸發的汗水才能降溫。假如空氣沒辦法吸收汗水，汗水無處可蒸發，不管排多少汗，身體都不可能降溫，這時體溫就會居高不下，繼續這樣下去，人在幾小時內就會中暑身亡。

當然，中暑本來就是常有的事，但當空氣變得愈來愈悶熱，中暑就會成為大問題。在受影響最嚴重的波斯灣、南亞和中國部分地區，每年到了特定時間，就會有上億人口處於中暑致死的風險中。

為了呈現這些效應全部相加在一起會是什麼情形，我們來看看個人所受到的影響。假設你是2050年在美國內布拉斯加州種植玉米、大豆和養牛的富足青壯小農，氣候變遷會怎麼影響你和全家人？

由於你住在美國的內陸地區，離海岸很遠，不會直接受到海平面上升的影響，但高溫對你的影響就很大。在2010年代，你還小的時候，每年大概會有33天超過攝氏32度的高溫天氣，現在一年中有65到70天都是這麼熱。降雨量也變得很不穩定，小時候年雨量大約是650毫米，現在雨水少的時候只有560毫米，多的時候卻可以到740毫米。

你也許已經調整生產方式來適應變熱的天氣和不穩定的雨量：多年前，你為了改種更耐熱的新品種作物，投資了一筆錢，也找到變通的方式，把作息調整成一天當中最熱的時候先待在室內休息。你其實很不願意多花錢改種作物，調整作息時間也是逼不得已，但這已經是最可行的做法。

有一天，一場強烈風暴毫無預警來襲，附近的河水幾十年來第一次溢過堤壩，你的農田全泡在水中。在你父母輩口中，這種規模的水災叫做百年一遇的洪水，但現在，如果10年中只發生過一次，就算是幸運的了。洪水把田裡的玉米和大豆沖走了大半，穀倉裡的儲備糧也全部浸溼、開始腐爛，你只能忍痛丟棄。理論上，你可以把畜養的牛賣掉來彌補損失，但因為餵牛的飼料也全被沖走了，所以短期內如果沒賣掉，你也沒辦法養活那些牛了。

終於，水退了，你看到附近的道路、橋梁和鐵路都已無法使用。你不但沒辦法把努力搶救下來的一點穀物運出去賣，假設你的田地還堪使用，外面的貨車要把下一期的種子送進來給你，也會有困難。這些問題相加起來，就是一場大災難，足以結束你的小農事業，讓你不得不把世代相傳的土地賣掉。

你也許以為我專挑最極端的例子來講，但這些都是已實際發生的狀況，特別是在貧窮農民之中，更是屢見不鮮，而再過幾十年，就會有更多人遭遇到這類打擊。這個例子聽起來已經夠慘的了，然而放眼全球，就會發現全世界最貧窮的那10億人口情況會更慘，這些窮人本來就已經是勉強度日，而氣候的惡化只會使他們的日子更加艱難。

現在，假設你住在印度農村，和你先生是僅能餬口的農民，也就是說，你們種的作物和飼養的牲口幾乎只夠自己和孩子吃。在特別好的年頭，你們偶爾會有剩餘的糧食可以賣錢，幫孩子買藥或送他們上學。倒楣的是，這幾年熱浪變得很頻繁，連續幾天高溫飆破攝氏49度已經司空見慣，村子愈來愈不能住人，而你的農地又遭到從未見過的害蟲侵襲，在熱浪和蟲害夾擊之下，作物根本很難存活。雖然季雨已經在印度某些地區造成水災，你的村子今年的雨量卻少得不正常，到處都在缺水，你們家的水龍頭一星期就只有幾段時間有細小的水流滴下來。現在就連最基本的養家餬口，都變得愈來愈困難。

你已經把大兒子送到幾百公里外的大城市工作，因為沒有能力再養他。你的一位鄰居因為家計沒有著落，走投無路下選擇自殺。你和先生到底應該留下來，想辦法靠你們熟悉的農地生存，還是放棄家鄉的土地，搬到比較都市化的地區去謀生？

這是一個痛苦的決定，但世界各地有許多人已經面臨這樣的抉擇，而結果往往令人心碎。敘利亞在2007年至2010年間發生有史以來最嚴重的乾旱，大約有150萬人離開農村往城市遷徙，催化了2011年開始的武裝衝突。因為氣候變遷，那樣的乾旱發生機率提高了三倍。到2018年，大約已有1,300萬敘利亞人流離失所。

這個問題只會愈來愈嚴重。有一項研究分析了氣候衝擊和歐盟收到的難民申請之間的關係，發現即使只是中等程度的暖化，到本世紀末，難民申請也可能增加28%，達到每年將近45萬人。這項研究也估計，到2080年，農作物產量減少將促使墨西哥有2%到10%的成年人設法越過邊界進入美國。

以新冠病毒來做對比，這樣所有正在經歷這場大流行病的我們會更容易理解。你如果想了解氣候變遷的破壞是什麼感覺，看看新冠病毒疫情，再想像一下同樣的痛苦程度持續更長的時間。我們如果不把全球碳排放量減到零，這場疫情的人命損失和經濟苦難，差不多就是日後會經常發生的狀況。

先說人命損失：比起新冠病毒，氣候變遷會造成多少人死亡？因為我們是要比較不同時間點的事件（2020年的新冠病毒疫情，和假設在2030年發生的全球暖化），全球人口在這段時期會有變化，所以不能比較絕對死亡人數，而應該比較死亡率，也就是每10萬人的死亡人數。

我們可以用1918年西班牙流感和新冠病毒大流行的數據，以100年來取得平均值，藉此估算出全球大流行病會使全球每年死亡率增加多少。算出來的結果是，每年每10萬人口中約有14人因此致死。

比起氣候變遷，哪個死亡率較高？預計到本世紀中葉，全球氣溫升高導致的死亡率增幅和大流行病一樣，也就是每年每10萬人中約有14人因此致死。而到本世紀末，要是排放量仍然持續增加，氣候變遷將導致每10萬人中約有75人因此致死。

換句話說，到本世紀中葉，氣候變遷的致命程度可能就和新冠病毒一模一樣，但到了2100年，氣候變遷要比新冠病毒致命五倍。

經濟情勢也會很黯淡。氣候變遷對經濟可能造成的影響和新冠病毒不大一樣，也因使用的經濟模型而異，但結論是確定無疑的：未來一、二十年內，氣候變遷造成的經濟損失就像每10年發生一次新冠病毒大流行，而到21世紀末，如果全球仍然保持目前的碳排放趨勢，情況會更劇烈惡化。[1]

你如果一向關注氣候變遷的新聞，這些預測聽起來應該都不陌生，但當溫度逐漸升高，所有的問題都會變得更頻繁、更嚴重，也使更多人遭殃。此外，氣候還有可能突然發生災難性的急劇變化，例如大面積永久性結冰的地面（稱為永凍土）變暖到一個程度後開始融化，釋放出大量埋在地底的甲烷等溫室氣體。

就算還有科學不確定性，我們理解的也已經夠多，知道人類的前途堪憂。有兩件事，是我們可以做的：

1. 結論是這樣算出來的：最新的電腦模型顯示，到 2030 年，氣候變遷每年造成的經濟代價大約是美國 GDP 的 0.85% 至 1.5%。另一方面，美國在 2020 年因新冠病毒付出的經濟代價，目前估計是 GDP 的 7% 至 10%，假設類似的疫情每 10 年發生一次，平均每年付出的代價就是 GDP 的 0.7% 至 1%，這和氣候變遷預計將造成的損失相當。

努力適應：我們可以努力把已經發生和確定會發生的暖化衝擊減到最小。由於氣候變遷對全球最貧窮人口造成的衝擊最大，而最貧窮人口又大多是農民，所以蓋茲基金會的農業團隊把工作重點放在幫助農民適應。例如，我們資助許多新品種作物的研究，希望研發出耐旱、耐洪的作物，以對抗未來更頻繁、更嚴重的乾旱和洪水。我會在第九章進一步探討適應的問題，同時提出一些必要的措施。

減緩暖化：本書主要的內容不是在談適應，而是另一件我們不得不做的事，亦即停止排放溫室氣體到大氣中。若想要有任何一絲躲過災難的希望，全球最大排放國（富裕國家）必須在2050年以前實現淨零排放，中等收入國家不久後也要跟上，到最後所有的國家和地區都必須達到這個目標。

我聽過有人反對富裕國家應該先減排：「為什麼是由我們來承擔？」答案不只在於，暖化問題主要是由富國造成的（但這是事實），還因為這是大好的經濟機會：**有能力建立起成功的零碳公司和零碳產業的國家，將會在未來幾十年中領導全球的經濟。**

富裕國家也最有能力開發解決氣候問題的革新方案，這些國家有政府補助、研究型大學、國家實驗室和新創公司，吸引來自世界各地的人才，所以富國一定得帶頭。誰有辦法在能源上取得重大突破，並且證明這種突破能在全球廣泛運用，價格又不會太高，誰就能在新興市場中找到許多願意買單的客戶。

我已經看到許多通往零排放目標的途徑，但在進一步探討之前，我們先盤點一下這一路會有多艱辛。

第二章

零排放真的很難

石油比汽水還便宜，化石燃料無所不在，

解決問題關鍵在讓清潔能源和化石燃料一樣平價又穩定。

看到這一章的標題，請不要灰心。希望前面已經說明得夠清楚，我認為我們做得到零排放。接下來的章節也會讓讀者了解為什麼我這麼認為，以及說明需要怎麼做可以達到。但要解決氣候變遷這麼棘手的問題，我們一定得先誠實盤點需要下多少工夫和克服哪些障礙。所以，暫且記住後續就會有解決方案（包括如何加速從化石燃料轉型到清潔能源）。現在，就讓我們來看看眼前最大的障礙有哪些。

化石燃料就像水

我是已故作家大衛·福斯特·華萊士（David Foster Wallace）的忠實讀者，為了讀他的大部頭小說《無盡嘲諷》（*Infinite Jest*），我正慢慢把他的其他作品全部先讀過一遍。2005年，他在肯揚學院（Kenyon College）的畢業典禮發表了一場著名的演講，在開頭講了這麼一個故事：

> 兩條年輕的小魚兒在水裡游泳，迎面游來一條年紀較長的魚，向牠們點頭打招呼：「小夥子早啊，今天的水還好吧？」兩條小魚兒繼續往前游了一會兒，其中一條魚終於忍不住了，轉頭問另一條魚：「水到底是什麼鬼東西啊？」[1]

華萊士解釋：「魚兒的故事要表達的是，現實中最平淡無奇、最無所不在，而又最重要的事，往往也是最難看清和拿出來討論的。」

化石燃料就是這樣，因為太普遍存在，反而很難察覺生活中哪些地方有它（其他溫室氣體的來源也是如此）。我發覺從日常生活事物著手，再逐一檢視會很有幫助。

---

1. 演講題目為「This is Water」，內容非常精采，網路上可找到演講稿全文，並已出版成書，繁體中文版書名為《這是水：生活中平淡無奇又十分重要之事》。

你今天早上刷牙了嗎？牙刷的材質通常包含塑膠，而塑膠是由石油製成的，石油就是一種化石燃料。

你也許已經吃過早餐，吐司和穀類片中的穀物，都是用肥料種出來的，肥料的生產過程會排放溫室氣體；收割穀物會用到曳引機，曳引機是由鋼製成的，煉鋼需要用到化石燃料，過程中也會釋放碳，而且曳引機還需要汽油才跑得動。你如果像我一樣，午餐有時會吃漢堡，製作漢堡排需要飼養牛，過程中也會排放溫室氣體，因為牛打嗝和放屁都會排出甲烷；製作漢堡麵包則需要種植和收割小麥，一樣會排放溫室氣體。

你換衣服準備出門，衣服的材質可能是需要施肥和收割的棉花，也可能是聚酯纖維，從石油提煉出來的乙烯製成。你用的衛生紙，是砍樹而來，製造過程中也會排放出更多的碳。

你今天上班或上學坐的交通工具，如果是用電驅動的，那很好，不過發電來源十之八九也會是化石燃料。你的交通工具如果是火車，火車在鋼製成的軌道上行駛，會穿過由水泥建造的隧道，而生產水泥會使用化石燃料，過程中也會排放碳這個副產品。你乘坐的汽車或公車，週末騎的腳踏車，都是由鋼和塑膠製成的。你行駛在由水泥和柏油鋪成的馬路上，而柏油是從石油提煉而來的。

你如果住在公寓大樓裡，四面的牆應該都是水泥；如果住木造房子，砍伐和裁切木頭都需要用到由鋼和塑膠製成的氣動機械。你家裡或辦公室如果裝了暖氣或空調設備，不僅會消耗大量能源，空調使用的冷媒，還可能是一種很強的溫室氣體。你如果正坐在金屬或塑膠椅子上，提煉這些材料也會產生更多的碳足跡。

另外，以上所有這些東西，小自牙刷，大到建築材料，統統都經由卡車、飛機、火車和輪船從其他地方運來，這些交通工具都需要化石燃料驅動，製造過程也都會用到化石燃料。

換句話說，化石燃料無所不在。就以石油為例，全世界每天消耗150億公升以上的石油，任何產品達到這種用量，已不可能說不用就不用。

更重要的是，化石燃料之所以無所不在，有一個很好的理由：它太便宜了。舉例來說，石油比汽水還便宜。我第一次聽到這個說法的時候，簡直不敢相信，但這是千真萬確的，我們就來算算看：一桶石油相當於42美制加侖，大約是159公升，2021年的平均油價約為每桶70美元，也就是每公升0.44美元；另一方面，好市多大賣場8公升裝的汽水要價6美元，也就是每公升0.75美元。

就算把油價的波動考慮在內，結論還是一樣：世界各地的人每天都要使用一種比健怡可樂還便宜的產品，用量達到150億公升以上。

化石燃料會這麼便宜並非偶然，它的資源充足，又容易搬運。人類已經建立起專門鑽探、提煉和搬運化石燃料的龐大全球產業鏈，並持續開發新技術來保持價格低廉。然而，化石燃料的價格並沒有反映它所造成的損害，也就是提煉和燃燒化石燃料所造成的氣候變遷、空氣汙染和環境惡化。第十章會詳細探討這方面的問題。

問題的規模之大，光想到就令人發暈。但我們也不需要驚慌失措，只要能普遍採用既有的清潔再生能源，同時在零碳能源技術上取得突破，我們終究會找到辦法把淨排放量減到零。關鍵在於使清潔能源技術和目前的化石燃料技術一樣便宜，或至少價格相去不遠。

不過，我們得馬上行動。

問題不會只局限在富裕社會

如今，幾乎每個地方的人都活得比以前更長壽、更健康。生活水準在提高，汽車、公路、建築、冰箱、電腦、空調的需求不斷成長，而這些設備又都需要使用能源。這樣下去，每人的能源消耗量會增加，每人的溫室氣體排放量也會跟著增加。生產這許多能源也需要基礎設施，例如風力機、太陽能板、核電廠、電力儲存設施等等，而就連建造這些基礎設施，也會排放更多的溫室氣體。

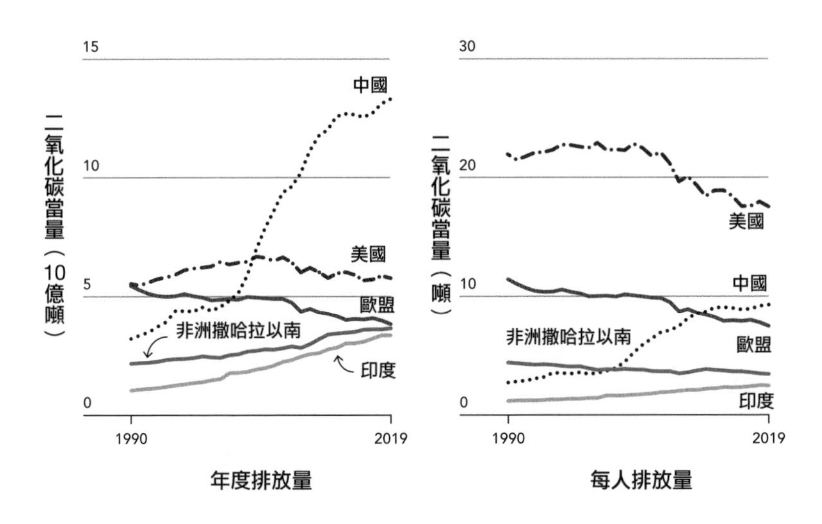

碳排放從哪裡來：美國和歐盟等已開發經濟體的碳排放已趨平穩，甚至開始下降，開發中國家則在快速成長，原因之一是富裕國家把排放量大的製造業外包給貧窮國家。（UN Population Division; Rhodium Group）

問題還不只是每個人會消耗更多能源，人口也會增加。到本世紀末，全球人口將邁向100億，而且大部分人口成長會出現在碳排放密集的都市。都市發展的速度十分驚人，到2060年，全世界的建築庫存量（涵蓋建築物數量和規模的指標）將增加一倍，相當於在接下來的40年中，每個月都將會蓋起一座紐約市，這主要是因為中國、印度和奈及利亞等開發中國家正在成長。

全球在未來 40 年的都市發展，相當於每個月蓋起一座紐約市。

對生活獲得改善的每一個人來說，這無疑是好消息。但對承載了全人類的氣候來說，卻是徹底的壞消息。想想看，全球近40%的碳排放量，是由最富有的16%人口所製造（這還沒有把在其他國家生產、但由富裕國家消費的產品的排放量計算在內），當愈來愈多人過得像最富有的那16%人口，會發生什麼事？到2050年，全球能源需求量將成長50%，如果其他事情照舊不變，碳排放量的成長也會很接近，即使富裕國家現在就奇蹟似地減到零排放，其他國家的排放量還是會持續攀升。

要求經濟階層較低的人別再往上爬，既不道德，也不切實際。我們不能因為富裕國家已經排放太多溫室氣體，就指望窮人繼續停留在貧窮狀態，而且就算真這麼想，也根本辦不到。我們應該做的，是讓低收入人口可用不加劇氣候變遷的方式提升生活水準，同時盡快減到零排放；生產比現在更多的能源，但在過程中不再排放碳到大氣中。

令人擔憂的是，歷史對我們不利

鑑往知來，從歷史上的能源轉型歷程來看，「盡快」恐怕也要很久以後。人類以前就做過這樣的事，從依賴某種能源轉換到另一種能源，每一次都要花上幾十年，甚至上百年。關於這方面的書籍，我最推薦的是，科學家暨歷史學家史邁爾的

很多農民理應要有現代設備和技術，卻仍然只能用古老的方法耕種，這不僅使他們難以翻身，使用這些工具也代表排放更多溫室氣體。

《能源轉型》（*Energy Transitions*）和《能源神話與現實》（*Energy Myths and Realities*），我在此會借用他的論點。

在人類史上的大部分時間裡，我們最主要的能源來自本身的肌肉、燃燒植物，以及會幫人類拉犁之類的動物。一直要到1890年代後期，化石燃料才開始占全球能源消耗量的一半；在中國，化石燃料直到1960年代才成為主要能源；在部分亞洲地區和非洲撒哈拉沙漠以南，至今都還沒有完成轉型。

再看看石油變成人類主要能源供應，總共花了多少時間：我們從1860年代開始投入石油的商業化生產，半個世紀過後，石油仍然只占了全球能源供應量的10%，要再過30年，所占比率才達到25%。

天然氣的發展軌跡也很類似：在1900年，天然氣只占全球能源供應量的1%，花了70年才達到20%。核能的發展比較快，在27年間從零成長到10%。

下頁圖表呈現出幾種不同能源在投入生產後60年間的成長軌跡：從1840年到1900年，煤在全球能源供應量的占比從5%成長到50%；但從1930年到1990年的60年中，天然氣只成長到20%。總而言之，能源轉型需要花很長的時間。

問題還不只是燃料來源而已，轉換到新型態的機動車，也需要花很長時間。內燃機在1880年代問世，都市家庭擁有車子的比例花了多久才達到一半？美國是30至40年，歐洲則是70至80年。

更重要的是，我們現在必須轉換到新能源的原因，是以前從來沒有過的。以往，人類從一種能源轉換到另一種能源，都是因為新能源更便宜、效能更好。比方說，我們從燒木材漸漸轉換到燒煤，是因為一斤煤能供應的光和熱遠比一斤木材多。

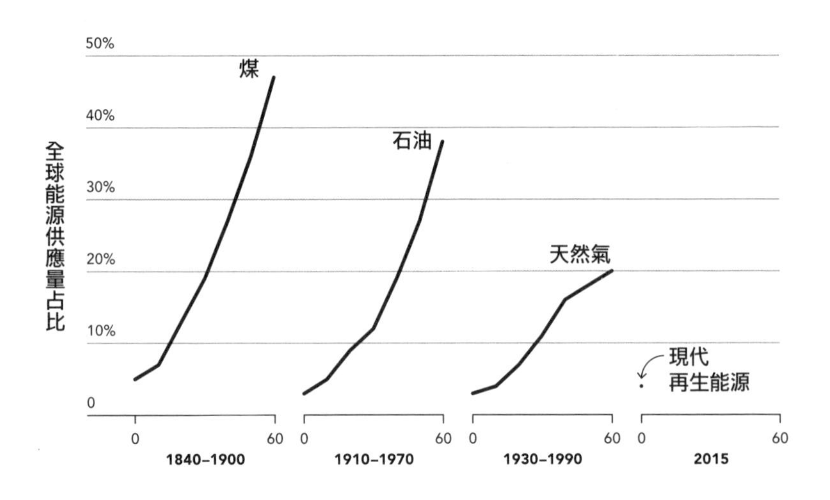

轉換到新能源型態需要花很長時間：同樣是 60 年，煤從占全球能源供應量的 5% 成長到將近 50%，天然氣卻只成長到 20%。（Vaclav Smil, *Energy Transitions*）

又如美國最近的例子：美國現在比較常以天然氣發電，取代燃煤，為什麼？因為新的鑽探技術使天然氣便宜許多。誘因是經濟，從來不是環境。事實上，天然氣是否比煤環保，要取決於二氧化碳當量的計算方式。有些科學家就認為，天然氣對氣候變遷的影響有可能比煤還要糟，端看生產過程中外洩量的多寡。

再過一段時間，我們自然而然會更普遍採用再生能源，但如果順其自然發展，恐怕緩不濟急。正如第四章會說明的，要是沒有技術革新，再生能源的成長恐怕不足以讓我們減到零排放。我們得強勢推行人為的快速轉型，在公共政策和技術面都會有一定的複雜度，這是以往從來不需要面對的問題。

能源轉型需要這麼久的時間，到底為什麼？

燃煤電廠不是電腦晶片

你應該聽過摩爾定律，是由英特爾（Intel）創辦人之一的高登．摩爾（Gordon Moore）於1965年提出的預測，認為微處理器的效能每隔兩年就會增加一倍。我們現在當然知道摩爾是對的，而摩爾定律也是電腦和軟體產業發展如此迅速的主要原因：隨著處理器的效能加強，工程師寫出更好的程式，帶動市場對電腦的需求，使硬體公司有動力持續改進機器，再帶動軟體工程師不斷寫出更好的程式，形成正向的回饋循環。

摩爾定律能應驗，是因為硬體公司不斷找新方法把電晶體（驅動電腦的微型開關）做得愈來愈小，這樣每個晶片就能裝進更多電晶體。現在出廠的電腦晶片裡面包含的電晶體，大約是1970年製造的100萬倍，效能也因此強大了100萬倍。

有時候，我們會聽到有人引用摩爾定律來主張，能源也可以取得同樣的指數成長。既然電腦晶片可以在這麼短時間內取得長足進展，汽車和太陽能板怎麼會不行？

很遺憾，就是不行。電腦晶片是奇葩，能不斷進步是因為我們找到方法把更多電晶體塞進每個晶片中，但我們並沒有同等效果的突破，能使汽車的油耗減少100萬倍。想想看，福特汽車公司在1908年新推出的第一款福特T型車，油耗每加侖最多21英里（相當於每公升8.9公里），而在我行文至此的這一刻，市場上最頂級油電混合車的油耗為每加侖58英里（相當於每公升24.7公里）。過了一百多年，汽車的油耗改良不到三倍。

太陽能板的效能也沒能強大100萬倍，結晶矽太陽能電池在1970年代剛發明的時候，能把約15%照射在電池表面的太陽光線轉換成電力。目前，它的轉換率約為25%。進展還算不錯，但和摩爾定律完全不能相提並論。

能源產業沒辦法像電腦產業一樣突飛猛進，技術只是眾多原因之一。技術以外，還有規模。能源產業實在太過龐大，每年產值約5兆美元，是地球上規模最大的產業之一。任何事物到了這麼龐大且複雜的地步，都會抗拒改變，不論有意無意，能源產業中已經有太多固有的慣性。

為了有個對照，讓我們來看看電腦軟體產業的運作：你的產品不需要監管機構核准，即使發布的軟體還不理想，只要整體效益夠高，客戶反應還是會很熱烈，也會提供改進的回饋意見。而且一項產品基本上只有前期成本，一旦開發出來以後，大量製造的邊際成本幾乎是零。

再以製藥和疫苗產業來比較：在市場上推出新藥要比發布新軟體困難得多，這也合理，畢竟藥物使人不適，比應用程序有缺陷，問題大得多。從基礎研究、藥物開發、向監管部門申請進行測試，到其他種種必要的流程，一種新藥通常需要經過幾年，才會到達病患手中。不過測試後一旦證明有效，量產的成本就會非常低廉。

現在就來看看能源產業的情形：首先，你有龐大的資本成本，而且這種成本永遠都在，你如果花了10億美元蓋一座燃煤電廠，再蓋下一座時，成本不會因此降低。而你的投資者投下了這筆錢，就會期望電廠至少要營運30年以上，就算10年後有人開發出更好的技術，你也不可能關閉舊廠，另蓋一座新電廠，除非有很強大的理由，例如回報超高，或者政府法規強制要求這麼做。

此外，社會大眾對能源產業的風險容忍度偏低。這也無可厚非，大家都需要穩定的電力，客戶每次按下開關，燈都要能亮才行。大家也擔心災難，美國的新核電廠計畫就是因為安全考量，幾乎全部胎死腹中，從三哩島和車諾比核災以後，至今只興建過兩座核電廠，即使全球每年死於燃煤汙染的人，比全部核災加總起來的死亡人數還要多。

維持現狀的誘因太強大，這完全可以理解，但這個現狀正把我們送上死路。我們應該做的是改變誘因，以此建立一套理想的能源系統 ，裡面具備我們喜歡的所有特質（穩定、安全），沒有我們不喜歡的事情（對化石燃料的依賴）。但這真的不容易。

現行法規太過時

說到公共政策，大概很難令人熱血沸騰，但從稅制到環境法規，所有政策都對個人和企業的行為產生重大影響。要達到零排放，一定要先有對的政策，而我們還有很長的路要走（我講的是美國，但很多國家的情況也一樣）。

有一個主要問題：目前許多環境法規，當初設計時是為了解決別的問題，並沒有考慮到氣候變遷，而我們現在卻想用來減少排放，那就像是用1960年代的大型電腦來創造人工智慧，看看結果會如何一樣。

比方說，在美國有關空氣品質的法規裡，最有名的是空氣清潔法案（Clean Air Act），當中根本沒有提到溫室氣體。這也不奇怪，因為這項法案最早在1970年通過時，目的是要減少地方上空氣汙染對健康的危害，不是要處理暖化問題。

又例如稱為CAFE（Corporate Average Fuel Economy）的燃油效率標準，這套標準在1970年代開始採行，因為當時油價飆漲，美國人想要更省油的車子。省油是好事，但當務之急是讓更多電動車取代燃油車，這方面CAFE起不了什麼作用，它本來也不是為了這個目的而設計。

問題還不只是政策過時，我們對氣候和能源的態度，會不斷隨選舉週期變換。每隔四到八年，新政府入主白宮，對能源發展各有自己的優先事項。這本身並沒有錯，每次政權輪替，改變優先事項這種事就會在政府部門上上下下之間發生，但靠政府提供研究經費的科研人員，以及寄望租稅獎勵的企業，卻會受到嚴重的影響。如果總是每隔幾年就要停下進行中的計畫，從頭開始新計畫，要有實質的進展恐怕很難。

選舉週期也會給私人市場帶來不確定性。政府為了讓更多企業致力於清潔能源技術的突破，會提供各種租稅優惠，但這些優惠很難派上用場，因為能源創新的困難度非常高，可能需要幾十年才會有成果。你也許研發一個構想多年，卻因為新政府改弦易轍，把你一直寄望的優惠政策取消了。

最基本的問題是，當前的能源政策對未來排放量的影響微乎其微。要知道當前能源政策能發揮多大作用，你可以把美國現行聯邦和地方政策規定之下，到2030年各州排放量會下降的幅度加總起來。總體來說，下降幅度是3億噸，也就是美國到2030年預估排放量的5%左右。這樣的幅度也很值得肯定，但絕不足以達到零排放。

並不是說我們提不出能有效影響排放量的政策，CAFE燃油效率標準和空氣清潔法案都實現了當初制定的目的：汽車燃油效率變得更好，空氣品質也改善了。美國目前也已經有一些能發揮作用的減排政策，只是不同政策之間沒有整合，沒辦法發揮加乘作用來真正有效地解決氣候問題。

我認為我們絕對做得到，只是過程會很艱辛。別的不說，推出重大新法案就比拿現行法規來修修補補困難得多，立新法需要研擬政策、蒐集公眾意見、遇到和法律牴觸時交由司法解決，一直到新法最終上路實施，整個過程需要花很長時間，更不用說還有以下問題。

大家對氣候的共識其實不高

我指的不是科學家，科學家們已有97%認同氣候變遷是由人類活動造成。社會上確實仍有一群為數不多、聲量卻很大，有時還很有政治勢力的人沒有被科學說服。但即使是已經接受氣候變遷事實的人，也未必贊同把大筆資金投入解決氣候問題的技術突破上。

比方說，有人就會認為：沒錯，地球是在暖化，就算這樣，也不值得我們花大錢去阻止或適應，應該優先考慮的是對人類福祉有更大影響的事情，像公共衛生和教育。

我對這種想法的回應是：除非我們盡快行動減到零排放，否則壞事（而且是一大堆壞事）將在大多數人的有生之年內發生，而非常嚴重的壞事將發生在下一個世代身上。氣候變遷即使不算危及人命的存亡威脅，大多數人的生活卻會因此變得更糟，最貧窮的人會變得更貧窮。只要我們不停止排放溫室氣體，情況只會愈變愈糟，這個問題值得我們重視的程度，一點也不亞於衛生和教育。

另一種經常聽到的論調：沒錯，氣候變遷確實在發生，造成的影響會很嚴重，要阻止氣候變遷，我們已經萬事俱備，有太陽能、風力、水力發電，加上其他幾種工具，就沒問題了，現在就只欠好好落實運用這些工具的意願。

在第四章到第八章，我會說明不認同這種觀點的理由。我們確實已經有了部分工具，但離萬事俱備還差得很遠。

要建立氣候共識還有一個難處：全球性合作的難度很高。這不用我說大家都知道，要所有國家一致認同任何一件事都很困難，更何況是要求大家承擔像減少碳排放這種以前沒有過的費用。除非其他國家也都投入減排經費，否則沒有任何一個國家願意出來承擔。2015年的《巴黎協定》是很了不起的成就，有超過190個國家簽署協議逐步減少排放量，不是因為這些承諾會使排放量大幅降低（如果承諾全部兌現，這些國家到2030年減少的年排放量將介於30億噸至60億噸之間，不到目前全球年排放量的12%），而是因為這是一個起點，證明了全球合作並非不可能。美國在川普總統時期曾退出《巴黎協定》（拜登總統上任後已重返），更凸顯出不只是建立全球協定不容易，要維持下去一樣很難。[2]

總結來說，人類必須完成一項空前的艱巨任務，而且時間上一定要比以往類似的轉型過程快許多，要做到這點，我們必須在科學和工程學上取得各種突破。目前，大家對這件事的共識不高，我們必須把共識建立起來，制定有利於推動轉型的公共政策，沒有這類政策，轉型永遠不可能發生。能源系統不能再做我們不樂見發生的事情，但又必須具備我們喜歡的所有特質。換句話說，一方面要改頭換面，一方面又要有所不變。

但千萬別灰心，我們絕對做得到。坊間關於怎麼做到的想法很多，有些看來可行，有些不怎麼樣，我會在下一章中說明怎麼分辨。

2. 拜登總統於 2021 年 1 月 20 日上任後，簽署了行政命令重返《巴黎協定》。

第三章

氣候對話中一定要問的5個問題

這5個問題有助我們盤點眼前障礙、釐清氣候議題的脈絡，
把時間、精力、金錢用在最能發揮效益的地方。

剛開始研究氣候變遷的時候，我不斷碰到很難弄懂的事情。比方說，那些數字都大得難以想像，誰會知道520億噸的氣體是什麼樣子？

另一個問題是，我看到的數據經常沒有背景脈絡。有一篇文章說，歐洲的某個排放交易計畫使當地航空業的碳足跡年減1,700萬噸。1,700萬噸聽起來確實很多，但真的是這樣嗎？占全球排放總量的比率有多高？文章裡沒說明，而這種遺漏出乎意料地常見。

後來我逐漸將自己所理解的東西在腦海裡築起一個架構，如此一來，我對多少是很多、多少是一點點，以及做某件事的成本會有多高就有了概念，這有助於我釐清什麼是最可行的想法。我發覺這種方式對了解任何新議題都很有幫助：盡可能先掌握全局，這樣當新訊息進來時才有足夠的背景脈絡去了解，我也比較容易記得住。

我用5個問題建立起的架構，至今仍然派得上用場。不論是在聽取能源公司的投資提案，還是在院子裡一邊烤肉，一邊和朋友聊天時，都可以拿出來使用。你也許等一下就會讀到一篇文章，文章裡提出解決氣候問題的某些辦法，政治人物吹噓自己的氣候變遷計畫多厲害更是常有的事，這裡面充滿了複雜的問題，很容易令人摸不著頭腦，此時這5個問題就可以幫助你理出頭緒。

1. 這占520億噸多少比率？

每次讀到文章裡有溫室氣體排放量的數據，我就會在心中快速運算一下，把數據轉換成年排放總量520億噸的百分比。在我看來，這比許多經常看到的比較有意義得多，例如「若干噸等於路上少了一輛車」，誰知道路上原本有幾輛車，或者要減幾輛車來解決氣候變遷問題？

我寧可把所有事情都連結到每年要減排520億噸這個大目標。就以前面提到的歐洲航空業的例子來說，該減排計畫預計年減1,700萬噸的碳，除以520億、換算成百分比，得出的減排量大約是全球年排放量的0.03%。

這是有意義的貢獻嗎？要看另一個問題：減排量會逐步增加，還是保持不變？如果1,700萬噸只是起頭，後續減排幅度有機會持續擴大，那是一回事；如果永遠只保持在1,700萬噸，那又是另一回事。遺憾的是，答案有時並不明確（我讀到這項航空業減排計畫時沒有找到明確答案），但這是應該要問的重要問題。

突破能源基金只資助一旦研發成功並全面實施後，至少能年減5億噸的技術，也就是能夠減少全球年排放量的1%左右。無法減排超過1%的技術，不應該來瓜分實現零排放的有限資源，這些技術或許有其他值得支持之處，但有效減排不會是支持的理由。

對了，你可能看過以吉噸（gigaton）做為溫室氣體的質量單位，1吉噸就是10億噸（以數學符號來呈現就是10^9噸）。我認為多數人很難直觀地理解1吉噸的氣體是什麼概念，再者，儘管是同一回事，減排52吉噸聽起來比減排520億噸容易許多，我寧可用億噸來表述。

重點提示：520億噸是目前全球年排放總量（以二氧化碳當量計），每當你看到某個溫室氣體的排放量數據時，記得換算成520億噸的百分比。

2. 你的水泥減排計畫是什麼？

如果要討論全面解決氣候變遷的計畫，就不能不考慮所有會排放溫室氣體的人類活動。有些事物很容易引起大家的注意，例如用電和汽車，但這些都只是開頭而已。小客車的排放量占交通運輸排放總量不到一半，而交通運輸又只占全球排放總量的16%。

另一方面，光是製造鋼鐵和水泥的排放量，就大約占全球排放總量的10%。因此，提問：「你的水泥減排計畫是什麼？」可以做為快速的提醒，在針對氣候變遷提出全面計畫時，除了用電和汽車，還有很多其他事情需要考慮。

以下這張表列出了所有排放溫室氣體的人類活動，有些人會採用不同的分類方式，但我個人覺得這個分類方式最清楚。突破能源投資團隊採用的，正是這個分類方式。[1]

要實現零排放，這些活動的排放量全都得歸零才行：

人類的各種活動排放了多少溫室氣體？

製造產品（水泥、鋼鐵、塑膠）	**29%**
用電（電力）	**26%**
耕種養殖（植物、動物）	**22%**
交通運輸（飛機、卡車、貨船）	**16%**
調節溫度（暖氣、冷氣、冷凍、冷藏）	**7%**

你也許會感到意外，發電其實只約占排放總量的四分之一。我第一次看到這個數據時就很驚訝，因為有關氣候變遷的文章幾乎都把焦點放在發電問題上，讓人以為發電一定是罪魁禍首。值得慶幸的是，發電雖然只占問題的26%，對於解決問題卻可能發揮遠超過26%的作用。

1. 表中百分比代表在全球溫室氣體排放量的占比。對各種排放來源進行分類時，必須先決定：那些在製造和使用過程中都會排放溫室氣體的產品，該怎麼計算？例如：原油提煉成汽油的過程會排放溫室氣體，汽油燃燒的時候也會產生溫室氣體。我在本書中把製造過程的碳排放都歸在〈我們如何製造〉，使用過程的碳排放則計入各自的類別中，因此煉油屬於〈我們如何製造〉，燃燒汽油則歸在〈我們如何運輸〉。汽車、飛機、輪船等也以此類推，製造這些交通工具的鋼材歸在〈我們如何製造〉，啟動時燃燒燃料的碳排放則計入〈我們如何運輸〉。

有了清潔電力，我們就不再需要以碳氫化合物（會排放二氧化碳）做為燃料，想想看，路上跑的是電動車和電動公車，住宅和商辦採用電熱和電冷系統，高耗能的工廠以電力取代天然氣來生產商品，會帶來多大的改變。當然光靠清潔電力，還無法實現零排放，但清潔電力會是很關鍵的一步。

重點提示：記住碳排放來自五種不同的人類活動，每一種都必須妥善解決。

3. 這是多少電力？

這個問題主要出現在有關電力的文章中，你也許會讀到某座新電廠的發電量是500千瓩（megawatt），這算很多嗎？千瓩又是什麼？

千瓩就是100萬瓦特（watt），瓦特簡稱瓦，一瓦是每秒一焦耳（joule）。以我們的目的來說，焦耳是什麼不重要，只要知道是微小的能量就好，而瓦就是每秒的微小能量，不妨這樣想：要測量廚房水龍頭的水量，你可以計算每秒有多少杯水流出來。測量電力也一樣，只不過測量的不是水，而是能量流，瓦就相當於每秒的杯數。

一瓦的電力很小，一枚白熾小燈泡可能要用40瓦，吹風機要用1,500瓦，一座電廠的發電量可能是幾億瓦。世界上最大的發電站是中國三峽大壩，發電量達到220億瓦（要注意的是，瓦的定義已經包含「每秒」，所以沒有所謂「每秒幾瓦」或「每小時幾瓦」這回事，發電量的單位就是瓦）。

由於數字一下就變得很大，為了方便記憶，有一些簡寫的方式：1,000瓦是瓩（kilowatt），100萬瓦是千瓩，10億瓦是吉瓦（gigawatt）。媒體的報導中經常可以看到這些簡寫，所以我也會使用。以下這張表有一些粗略的比較，我個人覺得對掌握用電量的情況很有幫助：

需要多少電力？

全球	**5,000吉瓦**
美國	**1,000吉瓦**
中型城市	**1吉瓦**
小鎮	**1千瓩**
一般美國家庭	**1瓩**

當然，從白天到晚上、從年頭到年尾，用電量都會有很大差異，而有些家庭的用電量特別多，有些特別少。紐約市的用電量至少12吉瓦，隨季節變化起伏；東京的人口比紐約多，平均用電量大約23吉瓦，但到了夏季的用電高峰期可以達到50吉瓦以上。

現在，假設你要為需電量一吉瓦的中型城市供電，你可以只蓋一座一吉瓦的發電站，並保證這座城市電力供應充足嗎？未必做得到，要看你的電力來源是什麼，有些電力來源很穩定，有些則有間歇性供電的問題。核電廠通常24小時全天候運轉，只在維修保養和更換燃料時才停機。但風不會一直吹，陽光也不會總是照耀，所以風力和太陽能發電站的有效發電量，可能只有30%或更少。平均來說，一吉瓦的風力或太陽能發電站可以供應中型城市30%的電力，也就是說，還需要有其他電力來源做為補充，才能獲得穩定的一吉瓦。

重點提示：聽到「瓩」，就想「家庭」；聽到「吉瓦」，就想「城市」，100吉瓦以上，就是「大國」。

4. 你需要多大空間？

有些電力來源比較占空間，這一點大有關係，原因很明顯：地球上可以利用的土地和水上面積是固定的。空間當然不會是唯一的考慮因素，卻是經常被忽略的重要因素。

可以參考的數字是功率密度（power density），功率密度讓我們知道在一定面積的土地上（如果要把風力發電機架設在海中則是水面上），不同電力來源的發電量（以瓦／平方公尺為單位）。以下有一些例子：

每平方公尺可產生多少功率？

電力來源	**瓦／平方公尺**
化石燃料	**500 - 2000**
核能	**100 - 1000**
太陽能*	**5 - 20**
水力（水壩）	**5 - 50**
風力	**1 - 2**
木料等生質能	**少於1**

* 太陽能的功率密度理論上可以達到每平方公尺100瓦，但現實中從來沒有人做到過。

有沒有注意到太陽能的功率密度比風力高得多？如果決定採用風力發電而不是太陽能，在其他條件不變的情況下，就需要更大面積的土地。並不是說風電不好，太陽能很好，這只表示兩者的需求不同，評估時都應該要考慮在內。

重點提示：如果有人告訴你某種電力來源（風電、太陽能、核能，不管什麼都好）可以滿足全球的能源需求，算算看需要多少空間才能達到那樣的發電量。

5. 這要花多少錢？

全世界會排放這麼大量的溫室氣體，是因為目前使用的能源技術是最便宜的，如果不把因此造成的長期損害考慮在內的話。因此，要把我們重度依賴能源的經濟，從「骯髒」的排碳技術轉換到零排放技術，多花成本是免不了的事。

重點在於，多花多少？有時候，我們可以直接算出價差，只要來源骯髒的產品和來源清潔的產品基本上是同樣的東西，就可以直接比價。

大部分零碳方案都比採用化石燃料的成本高，部分原因是化石燃料的價格沒有反映出它所造成的環境破壞，才會看起來比替代能源便宜（第十章會詳細探討碳定價的難題）。這些多出來的成本，我稱之為「綠色溢價」（Green Premium）。[2]

每當進行氣候變遷的討論，我都會注意不同方案的綠色溢價。接下來的幾章會不斷提到綠色溢價的概念，所以我想花一點時間來解釋它的含義。

綠色溢價不是單一的數字，而是有多種不同可能，有電力的綠色溢價、各種燃料的綠色溢價、水泥的綠色溢價等等。綠色溢價的高低，取決於要替代的東西是什麼，以及用什麼來替代。比方說，零碳航空燃料的成本就跟太陽能產生的電力成本不一樣。我會舉例說明綠色溢價在實際情況中是怎麼運作。

美國這些年來的航空燃油平均零售價格，是一加侖2.22美元，而市面上買得到的新一代航空用生質燃料，平均售價是每加侖5.35美元，因此，零碳燃料的綠色溢價就是兩者的價差，也就是3.13美元，溢價超過140%（第七章會詳細說明這方面的問題）。

在極少數情況下，綠色溢價有可能是負的，也就是說，零碳的綠色方案比使用化石燃料還要便宜。例如，在某些地區，把使用天然氣的暖氣爐和空調轉換成電熱泵會更省錢，在奧克蘭，你會省下14%的冷暖氣費用；在休士頓，節省幅度則可達到17%。

你也許會以為，綠色溢價為負的技術應該早已在全球廣泛應用，大致上說來是沒錯，但一項新技術從推出到普及通常需要一段時間，特別是像家用暖氣爐這種不會經常更換的東西。

一旦弄清楚所有主要零碳替代方案的綠色溢價之後，你就可以開始認真討論取捨的問題了。我們願意為環保花多少錢？我們願意買比航空燃油貴一倍以上的新一代生質燃料嗎？我們願意用比傳統水泥貴一倍的環保水泥嗎？

對了，當我問：「我們願意花多少錢？」我指的「我們」是全人類，這不只是美國人和歐洲人能否付得起的問題，你可以想像當綠色溢價比較高，美國即使願意花這筆錢，也花得起，印度、中國、奈及利亞和墨西哥卻沒有能力負擔。因此，溢價一定要低到每個國家都有能力讓經濟去碳化。

---

2. 我向很多人請教過綠色溢價的問題，包括榮鼎集團、進化能源研究公司（Evolved Energy Research）和氣候專家肯．卡德拉博士（Dr. Ken Caldeira）。想進一步了解本書中的綠色溢價是怎麼算出來的，請至 breakthroughenergy.org 查詢。

綠色溢價無疑是不斷變動的數字，估算時會用到很多假設，本書採用的假設都是我個人認為合理的，但不同人會有不同的假設，得出的數字也會不同。比具體數字更重要的，是透過估算知道某項環保技術是否跟它要替代的化石燃料，差不多一樣便宜，如果不是，再想想如何透過創新把價格降下來。

我希望本書中的綠色溢價會開啟後續更多關於實現零排放的成本討論，同時希望其他人也自己計算綠色溢價，如果發現有些溢價並沒有我想像中高，我會很開心。本書計算出來的綠色溢價，只是用來比較成本的工具，也許不盡完美，但總比沒有工具好。

綠色溢價尤其是做決策時絕佳的透視鏡，幫助我們把時間、精力、金錢用在最能發揮作用的地方。比較過各種零碳方案的溢價後，我們就能決定現階段應該採用哪一些方案，又有哪一些方案還不夠便宜，必須創新突破。綠色溢價能幫助我們回答以下這類問題：

我們現在應該採用哪些零碳方案？

答：綠色溢價低或是根本沒有溢價的方案。我們如果至今還沒採用這些方案，就表示價格不是障礙，一定有其他因素在妨礙這些方案大規模推向市場，例如過時的公共政策，或者環保意識不足。

我們應該把研發經費、早期資金，以及最好的發明人才集中在哪些地方？

答：凡是我們認為綠色溢價過高的地方。正是這些環保方案的額外成本，使我們遲遲無法去碳化，這也是新技術、新公司、新產品，有發揮空間、可降低成本之處。研發能力強的國家可以開發新產品，使價格更便宜，然後出口到付不起目前溢價的地區。如此一來，大家就不必再爭論是否每個國家都承擔了各自該承擔的義務來避免氣候災難。許多國家和企業反而會競相開發、推廣價格低廉的創新產品，幫助全球實現零排放。

最後，綠色溢價還有個好處：可以做為一種衡量標準，從中看出我們對抗氣候變遷的進展。

這個好處讓我想起我和梅琳達剛開始從事全球衛生工作時遇到的難題：專家可以告訴我們全世界每年有多少兒童死亡，卻很難確切說出死因是什麼；我們知道死於腹瀉的孩子是多少，但究竟是什麼原因導致腹瀉，則無從得知。連死因是什麼都不知道，又怎麼知道該用哪些創新技術來拯救兒童的生命？

於是，我們和世界各地的夥伴合作，一起資助各種探究兒童死因的研究。漸漸地，我們開始可以詳細掌握兒童死亡的情況，這些數據最終促成了重大突破。例如，我們看到每年有很多兒童死於肺炎，儘管已經有肺炎疫苗可以接種，但礙於價格過高，貧窮國家根本買不起（也沒有購買動機，因為之前根本不知道有多少兒童死於肺炎）。在看到數據之後，加上有捐助者願意承擔大部分費用，貧窮國家開始把疫苗列入衛生計畫中，我們最後資助的疫苗價格也變得便宜許多，目前世界各地都普遍使用這種新疫苗。

綠色溢價在解決溫室氣體排放問題上，也可以發揮同樣的作用。溢價提供了和原始排放數據不同的視角，排放數據讓我們看到離零排放還有多遠，卻沒辦法呈現達到零排放有多困難。使用現有零碳工具的成本是多少？哪些創新技術能對減排發揮最大作用？綠色溢價可以回答這些問題，它可以逐一衡量各個產業實現零排放的成本，凸顯出哪些地方還需要創新，就像兒童死因的數據讓我們知道需要大力推廣肺炎疫苗一樣。

直接估算綠色溢價的方式，用在某些領域很簡單，例如前面提到的航空燃油。但要廣泛應用在各個層面，就會碰到問題：不是每個領域都有直接的綠色替代方案，目前就沒有零碳水泥這種東西（至少還沒出現）。在這些領域，我們要怎麼知道綠色方案的成本？

我們可以透過假想實驗來計算：「直接從大氣中抽出二氧化碳要花多少錢？」這個做法有個名字，叫做「直接空氣捕集」，簡單說，就是讓空氣通過會吸收二氧化碳的設備，過濾後把二氧化碳封存起來。直接空氣捕集是成本高且還未證實有效的技術，假如大規模使用真的有效，不管何時何地產生的二氧化碳，就都能捕集封存起來。目前，全球唯一在運轉中的直接空氣捕集設備位於瑞士，捕集的有可能是10年前從德州某家燃煤電廠排出來的二氧化碳。

要算出這種方法的成本是多少，只需要兩個數據：全球碳排放總量和用直接空氣捕集設備吸收碳排放的成本。

我們已經知道總排放數字，即每年520億噸，至於從空氣中清除1噸碳的成本，雖然還沒有完全確定的數字，但每噸至少200美元。經過一些技術創新，我相信降到每噸100美元不算是太不切實際，所以我用這個數字來估算。

我們可以得出以下方程式：

每年520億噸×每噸100美元＝每年5.2兆美元

換句話說，用這種可照常排放的直接空氣捕集法來解決氣候問題，成本是每年至少5.2兆美元，而且只要我們持續排放，年年都要花5.2兆美元，差不多是全球經濟的6%。這是一筆大數目，但這筆理論上的直接空氣捕集成本，比起像新冠疫情這樣暫停部分經濟活動所達到的減排效果，要便宜多了。根據榮鼎集團（Rhodium Group）的資料，美國因此付出的經濟成本約每噸2,600美元至3,300美元，歐盟的經濟成本更超過每噸4,000美元。換句話說，暫停經濟活動的成本，是直接空氣捕集技術有望在未來做到的每噸100美元的25至40倍。

正如我前面所說，直接空氣捕集法只是個假想實驗，現實中，這種技術還沒成熟到可以在全球廣泛運用的地步。就算真的成熟到可以普及化，用直接空氣捕集來解決全球碳排放問題也是極沒效率的做法：我們還不確定有沒有辦法安全封存幾千億噸的碳，實際上也很難向各國收取每年5.2兆美元的費用，或保證各國確實支付各自應該承擔的份額（如何判定各國應該承擔多少就是一場政治大戰）；光是處理我們目前持續排放中的碳，全球就必須設置五萬多座直接空氣捕集工廠。此外，直接空氣捕集沒辦法處理甲烷或其他溫室氣體，只能清除二氧化碳。這很可能是最昂貴的解決方案，多數情況下，從一開始就不排放溫室氣體會更便宜些。

即使到最後，直接空氣捕集技術開發成熟，可以落實在全球應用，時間上幾乎可以肯定無法及時防止環境遭到嚴重的破壞——不要忘記，我對科技的態度一向樂觀。很遺憾，我們不能乾等著像直接空氣捕集這樣的未來科技來拯救，現在就得開始自救。

重點提示：記住綠色溢價這件事，記得問溢價夠不夠低、中等收入國家是否負擔得起。

以下是5大問題的重點提示：

1. 記得把排放量換算成全球總排放量520億噸的百分比。
2. 排放溫室氣體的人類活動有5大類：製造產品、用電、耕種養殖、交通運輸和調節溫度，每一類都必須找到解決方案。
3. 瓩＝家庭，吉瓦＝中型城市，數百吉瓦＝富裕大國。
4. 想想看你的零碳方案需要占用多少空間。
5. 記住綠色溢價的概念，並且問溢價夠不夠低、中等收入國家是否負擔得起。

第四章

我們如何用電

——占年排放量520億噸的26%

假如神仙許我一個願望，我會選擇在發電取得突破，
因為電力將在其他經濟活動的去碳化過程中發揮重要作用。

人類很愛用電，只是大多數人並不自覺。電始終如一地堅守崗位，路燈總是會亮，空調、電腦、電視打開就有，電力驅動了我們不願去多想的各種工業製程。然而，就像人生中的某些事物，我們一直要到失去了才懂得珍惜。在美國，停電實在太過罕見，所以我們仍會記得10年前有次燈突然全黑、因停電受困電梯內的情景。

我也不是從一開始就察覺到我們對電的重度依賴，但這些年來，我逐漸了解電是多麼重要，也由衷珍惜實現這個奇蹟背後所投入的一切。我對於把電變得如此便宜、穩定又唾手可得的各種實體基礎建設充滿敬佩，這其實是很神奇的事。在富裕國家，不管在哪個角落按下電燈開關，幾乎都可以預期電燈會亮。在美國，打開40瓦燈泡一小時的電費大約是半美分，連一美分都不到。

在我們家，對電有這種感覺的人不只是我。我和兒子羅里（Rory）以前常常以參觀發電廠為樂，就只為了理解發電廠是怎麼運作的。

我很慶幸自己曾經花時間認真研究電的運作，一來這是很好的父子活動（真的）；二來要避免氣候災難，必須做的最重要一件事，就是要想辦法在不排放溫室氣體的情況下，獲得便宜、穩定電力的所有好處。因為發電是導致氣候變遷的主要原因之一，如果有零碳電力，我們就能用在許多活動上，讓這些

2015 年，我們全家到冰島的瑟利赫努卡吉格爾（Þríhnúkagígur）火山旅遊，之後我和羅里參觀了旁邊的地熱發電廠。

活動去碳化，例如交通運輸和製造產品等。如果我們不再使用煤、天然氣和石油，還是必須有其他的能源滿足基本需求，而主要的供應來源將會是清潔電力。正因如此，儘管製造產品的排放量更大，我還是先探討用電。

再者，我們應該讓更多人有機會用電。在非洲撒哈拉以南地區，只有不到一半人口家中有穩定的電力供應。而當你家中完全沒有電，即使簡單如手機充電這樣的事，也會變得又貴又

全球有 8.6 億人沒有穩定的電力供應：在非洲撒哈拉以南地區，接上電力的人口還不到一半。（IEA）

費事。你得走一段路到商店裡，支付至少25美分，才能給手機插上電源，費用是已開發國家人民的幾百倍。

我不期望大多數人像我一樣，對於電力網和變壓器，研究得津津有味（我自己也知道只有大書呆才有辦法寫出像「對實體基礎建設充滿敬佩」這樣的字句），但我相信只要能好好想一想，我們現在視為理所當然的服務背後所投入的一切，就會更懂得珍惜，沒有人會願意放棄這種便利服務。不論我們將來用什麼方法實現零碳電力，都必須像現在的電力一樣可靠，價格也要幾乎一樣便宜才行。

在本章中，我會說明如何做到在不排碳的情況下，繼續享有電力這種不間斷供應的廉價能源帶給我們的所有好處，同時把這些好處帶給更多的人。首先要說明的是，人類怎麼走到這一步，以及接下來會是什麼光景。

全球電力供應，化石燃料約占三分之二

當今生活中電力無所不在，讓人很容易忘記，它是在20世紀中葉才普遍進入大多數美國人的生活中。美國早期的主要電力來源，也不是我們現在一般會想到的煤、石油或天然氣，而是水，也就是水力發電。

水力發電有很多好處，例如相對便宜，但缺點也不少。興建水庫會使當地聚落和野生動植物被迫遷離，而引水覆蓋土地時，土壤中如果儲存了很多碳，這些碳會慢慢轉化成甲烷逸出。因此有研究顯示，在不同興建地點的水壩，因溫室氣體排放量不同，有可能在剛開始運作的50到100年間，成為比煤更嚴重的排放源。[1]除此之外，水壩的發電量因季節更替而異，因為是靠溪水或河水發電，水量會受降雨影響；更不用說，水壩無法移動，就只能在有河流的地方興建。

化石燃料就沒有這個限制，你可以把煤、石油或天然氣從地底挖出來，運到發電廠燃燒。燃燒的熱能用來燒開水，再利用水蒸氣轉動渦輪機發電。

---

1. 這些數據是用水壩的生命週期評估（life cycle assessment）計算出來的。生命週期評估是一個很有意思的領域，記錄一項產品從生產到使用壽命結束為止所造成的溫室氣體排放。這種評估有助於分析各項技術對氣候造成的衝擊，但計算起來相當複雜，所以本書只考慮直接排放量，解釋起來比較容易，結論通常也會是相同的。

由於這些優點，美國在二戰後對用電需求大增，主要就是用化石燃料來滿足所需。20世紀下半葉美國新增的發電量，大部分都是由化石燃料供給，大約有700吉瓦，將近是戰前發電量的60倍。

隨著時代進步，電力變得非常便宜。有一項研究發現，2000年的電費比1900年至少便宜200倍。目前，美國花在電力的費用只占GDP的2%，以我們對電的依賴程度來說，這個數字真的低得驚人。

電力會這麼便宜，主要是因為化石燃料很便宜。化石燃料資源充足，我們也開發出更好、更有效率的開採和發電方法。各國政府更是竭盡所能保持化石燃料的價格低廉，並鼓勵化石燃料的開採。

以美國政府來說，從建國之初就一直採取這種策略：國會在1789年頒布了對進口煤炭徵收的第一項保護性關稅；到1800年代初期，各州意識到煤對鐵路產業的重要性，開始豁免一些稅項，還實施了生產煤炭的獎勵措施；1913年，公司所得稅正式設立，但石油和天然氣業者可以扣除某些費用，例如鑽井成本。從1950年到1978年間，這些補貼煤炭和天然氣生產商的免稅開支，總計大約420億美元（以當今美元幣值計算），這些減免至今也仍保留在美國的稅法中。此外，煤炭和天然氣生產商還受惠於聯邦土地的優待租賃條件。

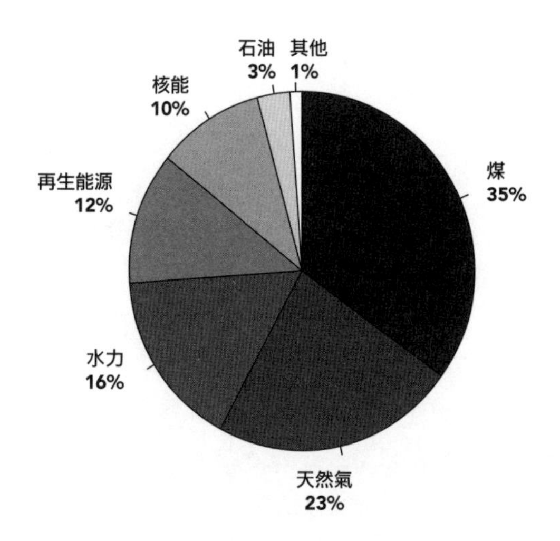

要讓全球電力都來自清潔能源絕非易事：目前，化石燃料約占全球總發電量的三分之二。（BP Statistical Review of World Energy 2021）

不只是美國，大多數國家都有各種維持化石燃料價格低廉的措施。國際能源署（International Energy Agency，簡稱IEA）估計，2018年各國政府對化石燃料的補貼，總計達到4,000億美元，也難怪多年來化石燃料在全球電力供應的占比一直保持穩定。燃燒煤炭占全球電力來源約35%至40%，過去30年來不曾下降，而石油和天然氣合計的占比，一直維持在26%上下。三者加總，化石燃料就供應了全球約三分之二的發電量，而風力和太陽能卻只占了9%。

這張 1900 年左右的廣告傳單，畫出了當時在美國賓州康尼士維的一座煤炭工廠。

截至2019年年中，全球興建的燃煤電廠總發電量達到236吉瓦，煤和天然氣已成為開發中國家的發電首選燃料，而這些地區的用電需求也在過去幾十年中急劇攀升。從2000年到2018年間，中國的燃煤發電量成長了三倍，比美國、墨西哥和加拿大加總的燃煤發電量還要多！

我們有沒有可能逆轉這種情況，在不排放任何溫室氣體的情況下，繼續滿足所有的用電需求？

要看「我們」是指誰，美國只要有適當的政策擴大風力和太陽能的發電量，加上大力推動技術創新，就可以做到很接近零碳電力。但全球有可能做到嗎？這就困難多了。

零碳電力的綠色溢價

讓我們先來看看美國要實現零碳電力，綠色溢價會有多高。很值得慶幸，美國人只要付出不算高的綠色溢價，就能把發電的碳排放量減到零。

電力的綠色溢價，就是完全以零排放來源發電而產生的額外成本。零排放來源包括：風力、太陽能、核能，以及備有碳捕集設備的燃煤和天然氣發電廠（記得目標不是只用風力、太陽能等再生能源，而是實現零排放，因此我把這類零碳選項也考慮進來）。

那麼溢價究竟是多少？如果把全美國的電力系統轉換成零碳來源，平均每度零售電價費率將提高1.3到1.7美分，比大多數美國人現在支付的電價高約15%。相當於一般家庭每個月多出18美元的綠色溢價，多數美國人應該負擔得起。但低收入戶恐怕會有困難，因為能源支出已經占了他們收入的十分之一。

你如果繳過電費，對於用電的單位應該不陌生，1度電就是耗電量1,000瓦特的電器連續使用1小時所消耗的電量，一般住家的電費都是以千瓦時（kilowatt-hour，簡稱kWh）計算。一般美國家庭每天用電量是29千瓦時，如果不分州別、用戶類型，平均1千瓦時電費約為10美分，但在某些地區，電費可能貴三倍以上。

美國的綠色溢價可以這麼低，是一件好事。歐洲的情況也差不多，歐洲某個貿易協會的研究顯示，當地電力網如果去碳化90%至95%，平均電價將會上漲約20%（這項研究使用的方法和我計算美國綠色溢價的方法不同）。

然而，這麼幸運的國家不多。美國擁有大量的再生能源資源，包括太平洋西北部地區的水力、中西部的強風，以及西南部與加州地區全年的陽光。別的國家可能有陽光、但沒有風，或者有風、但沒有全年的陽光，或者兩者都不足。有些國家可能信用評級不高，很難為新電廠這樣的大型投資籌到資金。

非洲和亞洲的處境最棘手。中國在過去幾十年中，實現了史無前例的偉大壯舉，讓幾億人脫離貧困，之所以能做到這點，一定程度上是靠興建成本低廉的燃煤電廠。中國企業把燃煤電廠的成本大幅降低了75%。可以想見，現在他們希望能找到更多客戶，因此正積極吸引下一波開發中國家，例如印度、印尼、越南、巴基斯坦和非洲國家。

這些潛在的新客戶會怎麼做？會興建燃煤電廠，還是選擇清潔能源？想想他們的目標和選擇：在貧窮的農村地區，小規模的太陽能設備可以做為供手機充電、夜裡點燈的發電選擇，但這種解決方案絕不可能供應推動經濟發展所需的大量便宜又穩定的電力。這些國家希望依循中國的發展模式，透過吸引製造業和客服中心等行業進駐來發展經濟，然而這些行業都需要大量且穩定的電力，絕非目前仍屬小規模生產的再生能源所能負荷。

要是這些國家也像中國及所有富裕國家過去那樣，選擇燃煤發電，對氣候肯定是一場災難。然而，以目前來說，這就是最符合這些國家經濟效益的選擇。

有效運用再生能源技術，也要改良輸電方式

話說回來，為什麼綠色選項會有溢價？這並不是很容易理解的事。天然氣發電廠只要開門運轉，就必須持續購買燃料，但太陽能、風力和水力發電站的燃料都是免費的。還有一個眾所周知的道理：一項技術只要規模變得夠大，成本就會下降。那麼，為什麼綠色選項要多花錢？

有個原因是化石燃料實在太便宜了，它的價格沒有反映氣候變遷的真正代價。在未計入化石燃料對全球暖化造成的經濟損失下，清潔能源很難和化石燃料競爭。不僅如此，我們過去已花了很多年建立起完善的系統，從化石燃料的開採、轉換成能源，到能源的輸送，每個環節的成本都非常低廉。

還有個原因正如前面提到的，有些地區就是沒有足夠的再生能源資源。全球電力如果要去碳化接近100%，就必須把大量清潔能源從生產地點（陽光充足的地帶，以赤道附近最為理想，還有風大的地區），輸送到有需求的地方（無風、多雲的地區）。這就需要興建新的輸電線路了，既花錢又費時。特別是需要跨越國界的時候，輸電線路愈長，電價就愈高。事實上，輸電和配電占了總電力成本的三分之一以上。[2]更何況，很多國家並不希望依賴其他國家供電。

不過，化石燃料太便宜和輸電成本太高，都不是造成零碳電力有綠色溢價的最主要原因。我們對電力穩定度的需求，以及間歇性電力所造成的問題，才是真正的罪魁禍首。

太陽能和風力是間歇性能源，沒辦法一年365天、每天24小時發電，但我們對電力的需求不是間歇性的，而是時時刻刻都要有電。如果太陽能和風電在電力結構中占比很大，要避免發生大停電，就必須為沒有陽光和沒有風的時候準備好其他電力來源。要不是把多餘的電儲存在電池中（下面就會說明這個選項太貴了），就是加上使用化石燃料的能源做為後備電力，例如只在有需要的時候才運轉的天然氣發電廠。但不管哪一種方式，都不符合經濟效益。而隨著我們愈接近百分之百使用清潔電力，間歇性問題就會愈大，成本也愈高。

間歇性最明顯的例子就是太陽下山後，太陽能電力就中斷了。假設我們以儲電來解決問題，白天多發一千瓦時的電，儲存起來當天夜間使用（實際需要的電量絕不止這樣，但為了方便計算，我就用一千瓦時），我們的電費會因此增加多少呢？

這取決於兩個因素：電池要花多少錢，以及電池的使用壽命。先說電池費用，假設一千瓦時的電池價格是100美元（這是保守估計，我也暫時不考慮為了買電池可能需要貸款的情形），至於使用壽命，假設電池可以充放電1,000次。

因此，一千瓦時電池的資金成本是100美元，以1,000次的充放電循環攤平，相當於每千瓦時10美分。這還是發電以外的成本，而太陽能的發電成本差不多是每千瓦時5美分，換句話說，為了夜間用電儲存的電力，成本是白天用電的三倍：發電5美分、儲電10美分，總共15美分。

我知道有些研究人員有信心研發出壽命是這個例子五倍的電池，這種電池還沒研發出來，但假如真做到了，溢價就會從10美分降到2美分，電價的上漲幅度就會少很多。無論如何，只要不介意支付高額溢價，夜間用電的問題，目前基本上是可以解決的，而且我有信心透過創新，溢價一定能降下來。

然而，夜間用電還不是最難解決的間歇性問題，夏天和

2. 輸電系統就像高速公路，配電系統則像市區道路。我們用高壓輸電線把電從發電廠輸送到城市，進入城市裡的低壓配電系統，也就是你在住宅區附近會看到的電力線路。

冬天之間的季節性變化，才是更大的障礙。解決這個問題有幾種方法，例如以核電廠或配有碳捕集設備的天然氣電廠補充電力，任何切實可行的方案勢必都會包含這些選項，本章稍後會進一步說明。但為了把問題簡化，我暫時只用電池來說明因應季節性變化的問題。

假設我們要儲存一千瓦時不只一天，而是一季，在夏季儲電，留到冬季再供電給室內電暖器。此時，電池的壽命不再是問題，因為一年只會充電一次。

但假設我們必須為購買電池籌措資金，借貸了100美元（你當然不會因為100美元的電池就去貸款，但如果要購買足以儲存幾吉瓦的電池，可能就有需要，而計算方式是一樣的）。假設貸款利息是5%，而電池費用是100美元，儲存一千瓦時的成本就會多5美元。不要忘記我們白天的太陽能發電成本，只有5美分，誰會願意付5美元來儲存價值僅5美分的電力？

季節性的間歇電力和高昂的儲電成本還會造成另一個問題，對太陽能的大用戶來說尤其嚴重，那就是夏季過度發電、冬季發電不足的問題。

由於地球的自轉軸是傾斜的，地球上任何一個地方照射到的陽光量會隨四季變化，陽光強度也不同。變化有多大，就要看離赤道多遠，在厄瓜多，陽光一年到頭基本上沒什麼變化；在我居住的西雅圖地區，一年當中白天最長的那天，比最短的那天，日照多了一倍；在加拿大和俄羅斯部分地區，相差則可以達到12倍。[3]

要了解這種差異為什麼重要，讓我們再來做一個假想實驗。設想西雅圖附近有一座小鎮，姑且叫它太陽鎮，太陽鎮希望以太陽能發電，創造全年維持一吉瓦的發電量，那麼太陽鎮應該要有多大的太陽能板陣列呢？

一個選擇是，架設能夠在陽光充足的夏季獲得一吉瓦電力的太陽能板，可是到了冬天，陽光只有夏季一半的時候，太陽鎮就會很窘迫，這就叫發電不足（由於鎮上議會深知儲電成本會太高，已經排除購買電池的可能）。另一個選擇是，太陽鎮可以架設足以在日照短的陰暗冬天獲得足夠電力的太陽能板，只是到了夏天，發電量又遠遠供過於求，電費會變得非常便宜，太陽鎮將很難回收架設這麼多太陽能板的費用。

太陽鎮可以在夏季關閉部分太陽能板，以解決過度發電的問題，但這也等於把錢花在一年中只有部分時間用得著的設備，鎮上住家和商辦的電費都會上漲更多。換句話說，綠色溢價會更高。

太陽鎮的例子不純粹是假設，類似情形已在德國發生。

3. 風力也有季節性變化，在美國，風力發電量通常在春季達到高峰，在仲夏至夏末達到最低點（但加州則剛好相反），差異可以達到二至四倍。

德國正在推動雄心勃勃的能源轉型計畫（Energiewende），設定目標到2050年，再生能源比例要提高到60%。過去十幾年間，德國投入幾十億美元擴大再生能源的利用，單單在2008年至2010年之間，就把太陽能發電量提高將近650%。在2018年6月的太陽能發電量，更是同年12月的大約10倍。事實上，該國太陽能和風力發電站的夏季發電量，有時會大到本國消化不了，只好把部分多餘電力輸送到鄰國波蘭和捷克。波蘭和捷克的領導人都在抱怨，這對他們國內的電力網造成很大壓力，也帶來不可預期的電價波動。

間歇性電力還會造成另一個比日夜或季節性變化更難解決的問題：萬一發生極端事件，使用再生能源的城市有幾天完全無再生能源可用，該怎麼辦？

想像東京在未來完全只靠風力發電（日本確實有相當多陸上和海上風力資源可用），某年8月的颱風季高峰，一場大型風暴來襲，風力實在太大，風力機如果不關閉，恐怕會被強風吹毀。東京領導人決定關閉風力機，找來坊間最好的大型電池，那幾天就靠電池儲存的電量度過。

問題是：東京需要多少電池，才夠供應風暴過去之後，風力機重新打開之前那三天的電量？

答案是：1,400萬個以上的電池，比全世界7年的儲存容量還要多。採購價：4,000億美元，攤平在電池的使用壽命期間，也就是每年費用在270億美元以上。[4]這還只是電池的資金成本而已，不包括安裝或維修保養等其他費用。

這完全是個假設的例子，沒有人會認真覺得東京應該只依賴風力發電，或者把需電量全部儲存在目前的電池中。我只是用這個例子來強調一個關鍵：大規模儲存電能是很困難又很昂貴的事，但我們如果要在不久的將來靠間歇性能源供應相當大比例的清潔電力，這是不得不做的一件事。

而不久的將來，全球也會需要更多的清潔電力。大多數專家都認為，隨著我們把煉鋼、驅動汽車等高碳排放的過程電氣化，到2050年，全球供電量勢必要達到目前的兩到三倍才行。這還沒有把人口成長，或是許多人會變得更富有而用更多電的因素考慮在內。因此，屆時全球的用電需求肯定會遠遠超過目前發電量的三倍。

由於太陽能和風力的間歇性特質，發電容量（capacity）還得提高更多才行。發電容量衡量的是太陽最強或風最大的時候，理論上可以生產的電力，而發電量則是在扣除間歇性、停機保養等等因素後實際獲得的電量。發電量永遠比發電容量

---

4. 這些數字是這樣計算出來的：2019年8月6日至8月8日之間，東京消耗了3,122吉瓦時的電力。我假設用540萬個鐵液流電池來應付基本負載電力，鐵液流電池的系統壽命為20年，單價36,000美元。至於尖峰需電量，我假設用910萬枚鋰離子電池，系統壽命為10年，單價23,300美元。

小，尤其是太陽能和風力這種不穩定的能源，兩者的差距有可能相當大。

假設風力和太陽能成為重要發電來源，再考慮到用電量會大幅增加，美國如果要在2050年完成電力網的完全去碳化，接下來30年中，每年都必須增加約75吉瓦的發電容量才行。

這算很多嗎？過去10年，美國平均每年加裝22吉瓦的發電容量，現在每年加裝的容量必須是過去的三倍以上，而且未來30年都必須趕上這樣的進度。

隨著太陽能板和風力發電機的成本下降、效率提高，這項工程會變得容易一些。也就是說，我們會發明出新的方法，從一樣的陽光或風力中獲取更多的能源（目前最好的太陽能板只能把照射在面板上不到25%的陽光轉換成電能，市面上最常見的太陽能板，理論上的轉換極限也只有約33%）。隨著轉換率提高，我們可以從相同面積的土地上獲得更多電力，對於這些技術的普及化會很有幫助。

然而，只靠提高太陽能板和風力發電機的效率並不夠，因為美國在20世紀大規模進行的電力建設，跟21世紀所需的建設有個很大的不同：位置將變得前所未有的重要。

自從美國有電力網以來，發電廠通常都是蓋在快速發展的城市附近，因為經由鐵路和油氣管，要把化石燃料從開採的地方運到燃燒發電的地方相對容易。因此，美國的電力網一向依賴鐵路和油氣管把燃料長途運送到發電廠，再靠配電線路把電短程輸送到需要用電的城市。

這種模式並不適用於太陽能和風力。你不可能把陽光裝進鐵路車廂運到另一地的發電廠，陽光只能在現場轉換成電能。但美國的陽光都集中在西南部，風力則集中在中部大平原，離多數都會地區都很遙遠。

總而言之，隨著我們愈接近百分百零碳電力，間歇性問題將成為成本居高不下的主要原因。正因如此，努力實現零排放的城市，仍然需要透過其他發電方式，來補充太陽能和風力的不足，例如可以根據需求隨時開機或停機的天然氣電廠。而這些所謂的尖峰電廠，不管怎麼想都不會是零碳電力。

不要誤會，太陽能和風力這類不穩定能源，仍然可以在實現零排放的過程中發揮重要作用。事實上，我們需要這類能源來達到零排放。只要符合經濟效益，我們都應該盡快在各個領域轉換為再生能源。過去10年間，太陽能和風電的成本下降幅度非常驚人，例如太陽能電池在2010年至2020年間便宜了將近10倍，單是2019年一組太陽能系統的成本就下降了11%。成本能夠下降這麼多，主要歸功於做中學。道理很簡單，一項產品只要做得愈多，技術就會愈好。

不過，我們確實需要排除使再生能源無法被充分利用的障礙。舉例來說，多數人很自然會把美國的電力網想成四通八達的單一網絡，實際上完全不是那樣。電力網不是只有一個，而是很多個，而且線路亂七八糟，要把電輸送到發電站所在地區以外，基本上是不可能的事。亞利桑那州可以把多餘的光電賣給鄰州，但不可能賣給位於美國另一岸的州。

要解決這個問題，我們可以用幾千公里的特殊長途輸電線承載所謂的高壓電流，把全美各地的電力網串聯起來。這種技術已經存在，事實上，美國已經架設了好些這樣的輸電線（最長的一條線路從華盛頓州接到加州），但要大規模升級全國的電力網，政治上勢必會有相當大的阻力。

試想想，要架設一條能把西南部生產的太陽能，一路輸送到東北方新英格蘭客戶那裡的輸電線，你得召集多少地主、電力公司，以及地方和州政府。別的不說，光挑選路線和取得架線的路權，就是一項艱巨的任務，想要讓大型輸電線通過公園之類的設施，通常都會遭到當地民眾反對。

橫貫西部快捷電網（TransWest Express）是一項把懷俄明州風力發電場發的電，輸送到加州和美國西南部的輸電計畫，預計於2024年完工啟用。這項計畫從最初開始規劃到預定完工日，相隔差不多17年。

但只要這項計畫能順利完成，美國的電力網將徹底改觀。我正在資助一項計畫，目的是建立全美國完整電力網的電腦模型。專家利用這個模型進行了一項研究，想知道如何才能使美西各州和加州一樣，實現最晚在2030年達到60%再生能源的目標，以及美東各州如何能和紐約一起實現最晚同年達到70%再生能源的目標。結果發現，如果不改良電力網，根本沒有一個州有辦法達到這些目標。

這個模型也讓我們看到，以區域性和全國性輸電的方式代替每個州各自發電，不但可以使全美各州實現減排目標，需要的再生能源也會比各自發電模式少30%。換句話說，透過在最理想的地點興建再生能源發電場，再建立全國統一電力網，把零碳電力輸送到有需要的地方，我們可以省下不少錢。[5]

在不久的將來，隨著電力在人類整體能源消耗量的占比愈來愈大，全球各地的電力網都會需要這種模型，幫助我們回答類似像這樣的問題：某個地方使用什麼樣的清潔能源組合最有效率？輸電線路應該怎麼安排？哪些法規會形成阻礙、需要制定的激勵措施又是哪些？我希望未來能看到更多像這樣的模型計畫。

還有一個複雜的問題：當一般家庭愈來愈少使用化石燃料而更加依賴電力（例如供電給電動車和暖氣設備），每戶住家的電力服務都需要升級，規模至少會倍增，很多情況下甚至更多。到處都會有路面需要開挖，會有工人爬上電線杆安裝更重

5. 欲進一步了解這個計畫，請至 breakthroughenergy.org。

的電線、變壓器和其他設備，因此，幾乎每個社區都會切身感受到改變，政治上的影響也會延伸到地方基層。

這些升級會碰到的政治障礙，技術也許幫得上一點忙，例如把輸電線埋在地下，看起來不會那麼礙眼。但就目前來說，輸電線埋在地下的成本貴了5到10倍（問題在於輸電線在電流通過時會發熱，如果是在地面上就不會有問題，熱會在空中散發掉，但在地下的話，熱能無處可去，當熱過了頭，電線就會熔化）。有些公司正在研究新一代輸電設備，希望能解決過熱的問題，進而大幅降低輸電線地下化的成本。

有效運用當今的再生能源技術和改良輸電方式，無疑都是當務之急，如果再不大幅升級美國的電力網，而是繼續讓每個地區各自發電，綠色溢價將不會是15%到30%，而可能是100%以上。除非我們大量採用核能（下一小節會介紹），否則美國實現零排放的每一條路，都會需要盡可能尋找空間，興建風力和太陽能發電設備，能興建多少是多少。到最後，美國的電力究竟會有多少來自再生能源，目前還很難說得準，但可以確定的是，從現在到2050年，我們必須以更快的速度來興建這類的設備 —— 要比現在快5到10倍。

也不要忘記，大多數國家不像美國這麼幸運，有充足的太陽能和風力資源。美國可以寄望未來以再生能源獲取大部分電力，這不是一種普遍現象，而是例外。因此，在美國更有效運用太陽能和風力的同時，全球還是需要有清潔電力的新發明。

許多先進的研究已經在進行中。我最喜歡現在這份工作的地方，就是有機會認識許多頂尖的科學家和創業者，並向他們學習。這些年來，我透過在突破能源基金的投資及其他方式，聽到了一些很有潛力的突破，有希望成為實現零碳電力必要的重大革新。這些構想都還在不同的發展階段，有些相對成熟，經過嚴謹的測試，有些坦白說聽起來很瘋狂，但我們不能害怕嘗試一點瘋狂的構想，唯有這樣才能保證至少會有一些突破。

零碳發電

核分裂。如果要簡短說明核能發電這個選項，那就是：這是唯一已證實可以不分晝夜、不分季節、不挑地點，穩定且大規模發電的零碳能源。

沒有任何其他清潔能源能做到目前核能發電給我們的這些好處，而且是還差得很遠（這裡指的是核分裂發電，即以分裂原子來獲取能量的做法，下面會介紹另一種核能發電法：核融合）。美國約有20%的電力來自核電廠，法國的核能電力占比是世界上最高，有70%。不要忘記，相較之下，全球電力來自太陽能和風力加總只有9%。

如果希望未來電力網能以可承受的價格去碳化，很難想像要如何不增加核能的發電量。2018年，麻省理工學院的研究人員分析了近1,000種美國實現零排放的可能性，所有低成本的途徑都需要有某種能不間歇供應的清潔電力，也就是像核電這樣的電力。如果沒有這樣的能源，實現零碳電力的成本將會變得很高。

在利用水泥、鋼鐵和玻璃等材料的效益方面，核能發電廠也是第一名。下頁圖表呈現出不同發電方式下，每單位發電量需要消耗多少材料。

看看柱狀圖中核能部分有多小，這表示我們從建造和營運發電廠的每公斤材料中，可以獲得更多的能源。這是重要的考慮因素，因為生產這些材料也會排放不少溫室氣體（詳情請參閱下一章）。這些數字還沒有考慮到太陽能廠和風電場一般比核電廠需要更多的土地，可以發電的時間卻只有25%到40%。相較之下，核電廠90%的時間都能發電。因此，實際差異甚至比圖表所顯示的還要大。

核電有很多問題已經不是什麼祕密，興建核電廠的成本目前已變得很高。人為疏失會導致意外事故，核電廠使用的燃料——鈾，有可能被用來製造核武，還有核廢料有危險性，如何存放也是棘手的問題。

發生在美國三哩島、前蘇聯車諾比，以及日本福島的核電廠事故備受矚目，使這些風險成為焦點。造成這類核災的問題

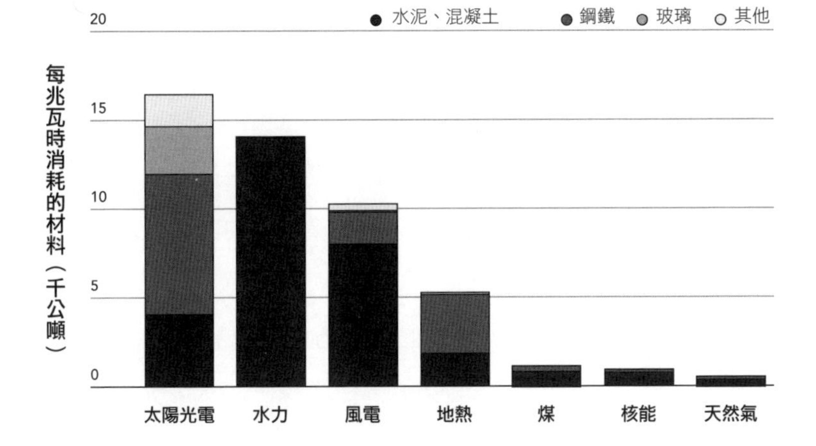

興建和營運一座發電站需要消耗多少材料？要看是什麼發電站，核電廠的效益最好，每單位發電量消耗的材料比使用其他能源的發電站都要少。（U.S. Department of Energy）

確實存在，但我們面對的方式竟然不是著手解決問題，而是直接停止發展這個領域。

試想一下，有一天大家碰在一起時突然說：「嘿，汽車造成好多人命傷亡，太危險了！我們還是別開車，大家都別再用車子了。」這當然很荒唐可笑，事實上恰恰相反，我們利用創新來使汽車更安全。為了防止車內的人從擋風玻璃飛出去，我們發明了安全帶和安全氣囊；為了減少事故發生時的傷亡，我們使用更安全的材料和更好的設計；為了避免停車時撞到行人，我們開始安裝倒車顯影。

核能發電造成的人命傷亡遠遠少於汽車，事實上，也遠遠少於任何一種化石燃料（見下頁圖表）。

儘管如此，核能發電技術還是應該要改良。就像我們改良汽車一樣，把造成事故的問題逐一分析清楚，再設法以創新來解決。

科學家和工程師提出了一些解決方案。而我對泰拉能源（TerraPower）設計的方案十分樂觀，這是我在2008年成立的公司，網羅了核子物理學和電腦模型方面的頂尖人才，旨在設計新一代的核反應爐。

我們不可能在現實世界中建造實驗性的反應爐，因此泰拉能源在華盛頓州柏衛（Bellevue）建立了一座都是超級電腦的實驗室，專家團隊就在這裡進行不同反應爐設計的數位模擬。我們認為其中一種使用行波反應爐（traveling wave reactor）設計的模型，已經能解決所有的關鍵問題。

泰拉能源的反應爐可以使用多種不同的燃料，包括其他核電廠的核廢料。這種反應爐產生的廢料也比現有核電廠少得多，同時採取全面自動化，排除人為疏失的可能性，又可以建造在地底，避免遭到攻擊。最後一點，反應爐運用巧妙的設計來控制核反應，本身就很安全，例如填裝放射性燃料的燃料棒，會因為過熱而膨脹，使核反應慢下來，達到防止過熱的效

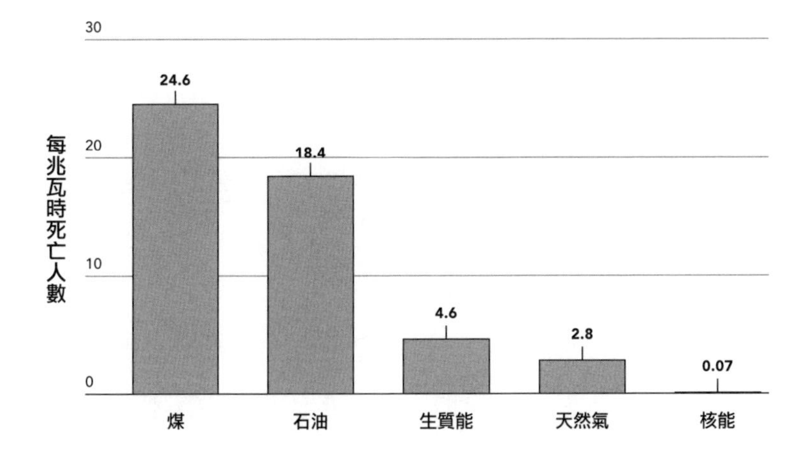

核電危險嗎？如這張圖表所示，如果是以每單位發電量所造成的死亡人數來計，核電並不危險。這裡的數字包含了從採集燃料到轉換成電能的整個能源生產過程，也考慮到各種發電方式所引起的環境問題，例如空氣汙染。（Our World in Data）

果。運用物理定律，事故基本上不會再發生。

泰拉能源要落實到興建新的核電廠，恐怕還要等很多年，到目前為止，我們設計的反應爐都只存在於超級電腦中。另一方面，我們正與美國政府積極合作，共同打造一座新一代核電廠的原型。

核融合。還有一種完全不同的核能發電方式，也很有潛力，但要做到供電給消費者，恐怕還要再過至少10年。有別於核分裂是以分裂原子來獲取能量，這種方式是把原子融合在一起，因此稱為核融合。

核融合的基本原理，跟太陽產生能量的方式相同，把一種氣體（大多數研究使用的是某種形態的氫），加熱到超過攝氏5,000萬度的極端高溫，使氣體變化成為一種帶電狀態，稱為「電漿」。在這種高溫下，原子因為快速運動，彼此撞擊而融合在一起，就像太陽的氫原子一樣。當氫原子融合在一起，就會變成氦，過程中釋放出大量能量，這些能量就可以用來發電。科學家已有幾種方法可以穩定電漿，最常見的是使用超強磁鐵或雷射。

核融合雖然仍處於實驗階段，但前景十分看好，因為只要用氫等常見的元素就可以運作，燃料既便宜又不虞匱乏。核融合主要使用的氫，可以從海水中獲得，資源非常充足，足夠全球用上幾萬年。核融合的廢料半衰期只有幾百年，不像鈽和其他核分裂的廢料半衰期長達幾十萬年，放射性也弱得多，危險程度和醫院的放射性廢棄物差不多。核融合也不會有容易失控的連鎖反應，只要不再供應燃料，或者關閉裝有電漿的設備，融合反應就會停下來。

但現實中，融合反應非常難發生，核科學家之間很喜歡開一個玩笑：「核融合還有40年就會成功，永遠的40年。」所謂的玩笑其實有幾分真。一個主要的障礙是，促成融合反應需要很大的能量，最終往往投入的比得到的多。此外，可以想見在那樣的高溫下，建造合適的反應爐也是艱巨的工程挑戰。現有的融合反應爐都不是針對生產消費者可以使用的電力而設計，仍只是以研究為目的。

目前正在建設當中的世界最大核融合計畫，共有六個國家和歐盟共同參與，準備在法國南部打造一座實驗設施，稱為「國際熱核實驗反應爐」，簡稱ITER。該計畫於2010年動工，目前仍在進行中，預計在2020年代中期生產第一批電漿，並在2030年代末開始生產比運轉所需大10倍的多餘電力。那將是核融合夢想成真的時刻，也是人類的重大成就，這時距離興建一座核融合的商業示範電廠也就不遠了。

未來還會有更多創新，使核融合變得更加可行，例如，我知道有些公司正利用高溫超導體製造更強的磁場來穩定電漿。如果這個方法可行，核融合反應爐就可以變得小很多，成本會更低，發展速度也會更快。

但關鍵不在於哪家公司有能力研發出核分裂或核融合所需的技術突破，最重要的是，全球重新認真發展核能領域。這個領域太值得期待了，不應該忽視。

離岸風力。把風力發電機建設在海中或其他水域具有不少優勢，因為許多大城市都在海岸附近，這樣發電地點離使用地點很近，不會遇到那麼多輸電問題。一般來說，海上風力比較穩定，因此間歇性的問題也會減少。

儘管有這些優勢，離岸風電目前仍然只占全球總發電容量的很小一部分，截至2019年約為0.4%，其中大部分是在歐洲，尤其以北海為主。美國的離岸風力發電容量只有3萬瓩，全都來自羅德島外海的一處風力發電場。不要忘記，美國的用電量是1,000吉瓦左右，所以離岸風電只供應美國電力的三萬二千分之一。

離岸風電產業未來肯定會成長，業者正想盡辦法製造更大的風力機，並設法解決把巨型金屬物體架設在海上會碰到的工程難題，這樣每台風力機就能發更多的電。隨著這些創新使成本降低，各國開始架設更多風力機，過去三年中，離岸風電的用電量平均以每年25%的速度成長。英國是目前全球最大的離岸風電用戶，這要歸功於政府明智地利用撥款補助，鼓勵企業在這方面進行投資。中國也正大力投資離岸風電，估計到2030年，就會成為全球最大的離岸風電消費國。

美國的離岸風力資源相當豐富，特別是在新英格蘭地區、加州北部至俄勒岡州、墨西哥灣沿岸，以及五大湖地區。理論上發電量可達到2,000吉瓦，應付全美用電需求綽綽有餘。然而，我們如果要利用這項資源，架設風力機的手續一定得簡化才行。目前，要獲得架設許可必須大費周章：先向聯邦政府承租限量開放的水域使用權，然後花多年時間完成環境影響評估報告，再向州政府和地方單位申請許可。在這個過程當中，任何一個關卡都有可能遭到濱海房地產屋主、觀光業、漁民和環保團體合理或不合理的反對。

離岸風力的潛力很大：它的價格愈來愈便宜，是幫助許多國家達到零碳目標的重要途徑。

地熱。在近至幾十公尺，遠至一、兩公里的地底深處，埋藏著可以用來生產零碳電力的滾燙岩石，只要用高壓把水抽送到這些地底岩石之間，水吸收熱能後再從另一個洞出來，在出口處就可以轉動渦輪機或是其他方式發電。

但利用地底下的熱能也有缺點。首先，地熱的能量密度（每平方公尺可獲得的能量）非常低。已故傑出科學家、英國劍橋大學教授麥凱在2009年出版的好書《可持續能源：事實與真相》（*Sustainable Energy—Without the Hot Air*）中估計，地熱只能滿足英國能源需求量的不到2%，而且就這一點點，卻需要鑽探英國的每一寸土地，鑽探費用還得是免費才行。

我們必須挖井才能抵達地熱，事前也很難知道挖下去的井究竟能不能產出足夠的熱能，或者能產出多久。為了鑽探地熱所挖的井，約有40%最後發現是空包彈。而且，世界上只有某些地區有地熱資源，資源最豐富的地點往往是在火山活動比較活躍的地區。

由於有這些問題，地熱對全球電力的貢獻將會相當有限，但就像解決汽車的問題一樣，這些問題仍然值得我們想辦法解決。近年來，鑽探技術的進步大大提高鑽探石油和天然氣的效益，能源業者以這些新鑽探技術為基礎，正致力於各種鑽探地熱的創新。例如，有些業者正在開發先進的感應器，要找到有效的地熱井將變得更容易；有些業者使用臥式鑽床，使鑽探地熱變得更安全，也更有效率。這是一個很好的範例，說明原本用於化石燃料產業的技術，也可以用來幫助我們實現零排放。

創新儲電

電池。我從來沒想過自己會花這麼多時間研究電池，投資在電池新創公司且血本無歸的資金，也遠比我想像得多。令我意外的是，儘管鋰離子電池（就是用於筆記型電腦和手機的電池）的蓄電量仍然相當有限，能改進的空間卻已不多。發明家已經把可以用來製造電池的金屬全都研究過了，看來現有電池使用的金屬已經是最好的，要找到更好的材料可能性不高。我認為，未來電池的效能還可以比現在提升三倍，但不可能高出50倍。

儘管如此，我們還是要給予優秀的發明家支持。我認識一些厲害的工程師，正在研究以合理成本生產能儲存一整座城市電力的電池（相對於給手機或電腦供電的小型電池，我們稱這種電池為電網級電池），持續蓄電的時間還要夠長，才能解決季節性的間歇電力問題。我很敬佩的一位發明家正在研究一種使用液態金屬的電池，相較於傳統電池使用固態金屬，液態金屬可以在更短的時間內大量儲電和供電，這正是給整座城市供電時所需的能力。這種技術已經通過實驗室測試，只待證明實際應用時可順利運作，目前該團隊正想辦法使價格變得更便宜，以符合經濟效益。

還有一些創新團隊正在研究一種叫做液流電池的技術，以水箱分別儲存不同溶液，再把溶液抽送在一起來儲電和放電。水箱愈大，可以儲存的能量就愈多；而電池愈大，成本效益也愈高。

抽蓄水力。這種方法可以儲存城市等級的能量，運用的原理是：當電力變得很便宜，例如狂風猛吹，使風力機轉動得很快，用多餘的電能把水抽送到山上的水庫，等到用電需求上升，就可以讓水往山下流，藉此轉動渦輪機來發電。

抽蓄水力是世界上最大的電網級儲能形式，可惜體積大不代表儲存的能量也大。美國規模最大的10座抽蓄水力設施，加總儲電量還不夠全美國用一個小時。你大概也猜得到為什麼這種儲能方式沒有發展起來：要把水抽上山，不但需要一大池水，當然還需要有山，少任何一樣都不行。

有些公司正在尋找替代方案，其中一家在研究除了水以外，還可以把什麼東西搬上山，比方說小石子。另一家研究一種不必靠山，但還是得靠水的方式：把水抽送到地下，利用壓力把水存在那裡，然後在需要轉動渦輪機的時候，釋放壓力讓水流回地面。這個方法如果行得通，將可說是化腐朽為神奇，因為地面上幾乎不會有什麼設備。

儲熱。運用的概念是，當電力變得很便宜，就用來加熱某種材料，然後在需要用電的時候，再透過熱機，把儲存的熱能拿來發電，效率可以達到50%到60%，算很不錯。工程師知道多種可以長時間維持高溫、不會喪失太多能量的材料，目前科學家和企業正在研究的最可行方法，是把熱能儲存在熔鹽中。

在泰拉能源，我們正努力找出利用熔鹽的方式，這樣日後如果發電廠真的蓋成，就可以不必在白天的時候跟太陽能產生的電力競爭。構想是把白天產出的熱能儲存起來，到晚上沒辦法獲得便宜的太陽能電力時，再把熱能轉換成電能。

低成本氫氣。我希望儲能技術能取得一些重大突破，但也有可能未來會出現某種創新，把這些構想全部淘汰，就像個人電腦的出現多少使打字機變得全無必要。

低成本的氫氣可以為儲能技術帶來這樣的改變，因為氫是燃料電池的主要成分。

燃料電池利用兩種氣體之間的化學反應來獲取能量，通常是氫和氧，而唯一的副產品就是水。我們可以利用太陽能或風力來生產氫氣，把氫氣以壓縮氣體或其他形式儲存，再灌進燃料電池中，在有需要時用來發電。這樣做等於是用清潔電力來生產零碳燃料，這種燃料不但可以儲存多年，需要用到的時候又可以隨時轉換回電能。我前面提到的發電廠位置問題也得以解決，我們雖然沒辦法把陽光裝進鐵路車廂裡運送，只要先把陽光轉換成燃料，運送到哪裡就都不成問題。

問題在於目前以不排碳方式製氫的成本很高，效率還不如直接把電能儲存在電池中。因為你得先用電來製氫，之後再用氫來發電，這樣反覆轉換的過程中，難免會耗掉一些能量。

氫氣是非常輕的氣體，很難儲存在一般大小的容器中。如果先加以壓縮，會比較好儲存（同樣容積可以塞進更多氣體），可是氫分子非常小，受到擠壓時會滲透過金屬，就好像灌滿的瓦斯桶在慢慢漏瓦斯。

最後，製氫的過程（稱為電解）需要用到各種成本很高的材料（稱為電解器）。加州目前已經買得到以燃料電池驅動的汽車，跟一般汽車相較，氫的成本相當於每公升汽油要1.48美元。因此，科學家正在試驗以更便宜的材料來充當電解器。

其他創新技術

碳捕集。我們可以繼續現在的模式，用天然氣和煤炭發電，不過在二氧化碳排放到空氣中之前，就把它吸收起來，這就叫做碳捕集與封存。做法是在化石燃料發電廠內，安裝吸收碳排放的特殊設備。這種「點捕集」設備問世已經幾十年了，但不管是設備還是運轉成本都很高，能捕獲的溫室氣體通常只有90%，而且電力公司安裝這類設備得不到任何好處，因此真正在使用的業者少之又少。透過聰明的公共政策，應該可以激勵業者使用碳捕集技術，第十章和第十一章將進一步討論這方面的問題。

我前面提到另一種叫做「直接空氣捕集」的相關技術，這種技術正如其名，可以直接從空氣中捕集碳，比點捕集要靈活得多，因為在任何地方都可以進行。直接空氣捕集幾乎可以肯定會是實現零排放的重要管道。美國國家科學院（National Academy of Sciences）的一項研究發現，到本世紀中葉，我們每年必須從空氣中清除約100億噸的二氧化碳，而到本世紀末更要提高到約200億噸。

然而，由於空氣中二氧化碳的濃度不高，直接空氣捕集在技術上要比點捕集困難得多。直接從燃煤電廠排出來的廢氣，二氧化碳濃度很高，大約占10%，但一旦進入空氣中，也就是直接空氣捕集設備運轉的環境，二氧化碳就會四處飄散。隨機從空氣中挑一個分子出來，挑到二氧化碳的機率，只有二千五百分之一。

企業正在研究更容易吸收二氧化碳的新材料，這會讓點捕集和直接空氣捕集的成本都變得更低，也更有效率。此外，目前的直接空氣捕集方法在捕捉、蒐集，以及安全封存溫室氣體的過程中，需要消耗很多能量。要完成這些工作無論如何都得花一點能量，物理定律設定了所需能量的最小值，但目前最新技術消耗的能量遠遠高於最小值，因此進步空間還很大。

節約能源。我曾經對節約能源可以大大減輕氣候變遷的想法嗤之以鼻，我的邏輯是：既然我們的減排資源有限，最有效的做法應該是設法實現零排放，而不是把資源浪費在減少對能源的需求。

我至今並沒有完全放棄這種觀點，只是在發現利用太陽能和風力來大量發電需要非常多的土地之後，態度確實軟化了。一座太陽能電場需要的土地，比同等發電量的燃煤電廠多出5到50倍，而風電場需要的土地又比太陽能電場多10倍。我們應該各盡所能，增加實現百分之百清潔電力的可能性，如果大家都能隨手節約能源，減少用電需求，這件事就會更加容易成功，任何能夠減少我們所需發電量的做法都會有幫助。

有一種節約能源的做法叫做負載轉移或需求轉移，就是在一天之中保持穩定的用電量。如果能大規模做到這點，負載轉移將大大改變我們用電的觀念。目前，我們的做法主要是在需要用電的時候發電，例如為了給城市裡的燈供電，發電廠一到晚上就發電量飆升。負載轉移的做法正好相反：我們等發電成本最低的時候再盡量用電。

比方說，你本來都是下午七點打開電熱水器，現在改為用電需求較少的下午四點再打開。又或者，你下班回到家後給電動車插上電源，車子會自動等到凌晨四點才充電，因為這時用電的人很少，所以電價很便宜。在工業用途上，廢水處理和生產氫燃料這些高耗能作業，可以選在一天當中電能最充足的時候進行。

如果要讓負載轉移發揮作用，政策上一定要有一些改變，技術上也還需改良。比方說，電力公司必須全天候更新電價，以反映供需的變化；熱水器和電動車必須有足夠的智慧性能，懂得利用電價資訊來做出相應的調節。而在極端情況下，當電力變得很稀缺，我們必須能降低需求，也就是實行配給電力，以需求迫切者優先（例如醫院），並暫停不必要的活動。

值得一提的是，儘管我們必須在所有這些構想上持續的努力，但要讓電力網去碳化，並不需要每一種構想都成功實現。有些構想之間有相互重疊的地方，例如，如果在製氫技術取得突破，能以低成本製氫，就不太需要擔心是否能夠研發出超級電池。

可以確定的是，我們必須制定具體的計畫來開發全新電力網，這樣才能隨時都有穩定且負擔得起的零碳電力。假如神仙許我一個願望，在造成氣候變遷的各種活動中能有一種取得突破，我會選擇發電，因為電力將在其他經濟活動的去碳化過程中發揮重要的作用。下一章將介紹其他經濟活動的第一要項：我們如何製造鋼鐵和水泥之類的東西。

第五章

我們如何製造

——占年排放量520億噸的29%

在邁向淨零排放的道路上，製造業必須達成四大目標，

而這一切都需要大量的創新。

從我居住的華盛頓州美迪納，開車約13公里就會抵達蓋茲基金會在西雅圖的總部。途中都會行駛經過橫跨華盛頓湖的常青地浮橋（Evergreen Point Floating Bridge），只不過當地人都不使用這個官方名稱，反而習慣稱它為「520大橋」，與橫跨該橋的州級公路同名。這座橋全長約2,350公尺，是世界上最長的浮橋。

每當行經520大橋時，我都會花點時間來欣賞它那不可思議的構造，不是因為它的長度全球居冠，而是因為它是一座漂浮的橋。這座用高噸位瀝青、混凝土與鋼筋製成的巨大結構，承載著數百輛車的重量，怎麼有辦法漂浮在湖面上？為什麼不會沉入湖中？

這項工程奇蹟背後是非常厲害的建材：混凝土。乍看之下，這似乎有違常理，因為一般直覺認為混凝土是沉重的塊狀物，不可能浮起來。雖然混凝土確實能被如此利用，堅固到可以做為醫院牆壁材料，以吸收核輻射，但也能用來做成中空的形狀。例如支撐520大橋的77個充滿空氣的防水浮筒，各個重達數千噸，浮力足以漂浮在湖面上，又堅固得足以支撐大橋與所有飛馳而過的汽車 —— 但在交通尖峰時刻，車輛只能緩緩前進。

其實毋需費心尋找，就能發現混凝土造就的奇蹟隨處可見。混凝土防鏽、防蝕、不易燃，使它成為大多數現代建築的

這是西雅圖的520大橋，我從家裡開車到蓋茲基金會總部的必經之路，堪稱現代工程的奇觀。

一部分。假如你是水力發電的擁護者，就該感謝混凝土成就了水壩。下次看到自由女神像時，不妨瞧瞧她所站的基座，那就是由2.7萬噸混凝土所製成的。

美國歷史上最偉大的發明家湯瑪斯．愛迪生（Thomas Edison），十分清楚混凝土的魔力。他曾設法用混凝土建造房子，還夢想製造混凝土家具，例如臥室的床組，甚至試圖設計混凝土電唱機。

儘管愛迪生的這些靈感未能付諸實現，我們還是耗用了極大量的混凝土。每年，單單美國就生產超過 9,600 萬噸的水泥（這是混凝土的主要成分之一），藉此汰換、修補或搭建道路、橋梁和大樓，幾乎等於是人均600磅的水泥。然而美國還稱不上混凝土最大消費國，真正的大戶是中國：光是在21世紀的前16年，中國所製造出來的混凝土總量，就超越美國在整個20世紀的產量！

想也知道，水泥和混凝土並不是我們唯一依賴的材料，我們還會運用鋼材來製造汽車、船舶和火車、冰箱和暖爐、工廠機器、食品罐頭、甚至電腦。鋼材堅固、便宜又耐用，還可以無盡回收利用。鋼材也是混凝土的絕佳搭檔：只要在混凝土塊中插入鋼棒，就成了神奇的建築材料，可以承受數噸的重量，即使扭動也不會崩裂。因此，我們大部分的建築和橋梁都使用鋼筋混凝土。

美國人使用的鋼材和水泥一樣多，每年人均也是600磅。這還不包括我們回收再利用的鋼材。

塑膠是另一個不可思議的材料，廣泛運用在各式各樣的產品中，舉凡衣服、玩具、家具、汽車、手機等等不勝枚舉。近年，塑膠可說惡名在外，從某些部分來看確是如此。但塑膠也有許多優點。撰寫本章時，我在書桌前環顧四周，到處都看得

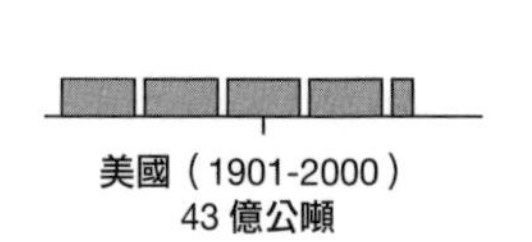

中國製造極為大量的水泥：光是 21 世紀初期的產量就超越美國整個 20 世紀的產量。（U.S. Geological Survey）

到塑膠製品：電腦、鍵盤、螢幕、滑鼠、釘書機、電話等等。塑膠也是讓汽車得以節能的關鍵：雖然占了車子體積的一半，重量卻只有十分之一。

再來是玻璃，存在於窗戶、瓶罐、絕緣材料、汽車與連接高速網路的光纖電纜內。鋁會用在汽水罐、鋁箔、電線、門把、火車、飛機與啤酒桶。肥料則有助提供糧食，養活世人。數年前，我曾預測，隨著電子通訊與螢幕的普及，紙張將不復存在，但目前仍無式微跡象。

簡言之，我們製造的材料已成為現代生活中不可或缺的物品，就像電力一樣重要。我們不但不會棄之不用，隨著全球人口成長與脫貧發展，使用量必定繼續成長。

光鮮底下的黑暗面

任何論述要成立，都需要大量數據佐證，例如到了本世紀中，我們生產的鋼鐵將比現在多50%。但我認為，下頁的兩張照片同樣具有說服力。

乍看這兩張照片，會覺得是不同的城市，對吧？

事實上，兩張照片都是上海，而且都是從相同的制高點所拍攝。左邊那張攝於1987年，右邊那張攝於2013年。當我凝視右邊照片裡的那些新大樓時，也看見了成千上萬噸的鋼筋、水泥、玻璃和塑膠。

同樣的變化舉世可見，儘管多數地方的成長不及上海那般劇烈。本書一再強調：進步是好事。這兩張照片呈現的快速成長，意味著大眾生活獲得全面改善，不僅賺到更多的錢、接受更好的教育，還延長了平均壽命。任何關心貧困問題的人，都應該正面看待此事。

然而，在此也要強調本書另一個經常出現的重點：光鮮的外表下潛藏著黑暗的一面。製造這些材料會排放大量的溫室氣體，大約占了全球三分之一的碳排放量。針對某些材料，特別是混凝土，我們缺乏有效方法來避免碳的產生。

因此，我們需要深思，如何在持續生產這些材料的同時，又能維持宜居的氣候。為了精簡篇幅，我們將集中討論三種最

這兩張上海的照片反映了都市成長的樣貌，各有利弊。左邊攝於 1987 年，右邊攝於 2013 年。

重要的材料：鋼材、混凝土和塑膠。

正如先前介紹電力的章節，我們要探討這些材料的來龍去脈，以及它們造成嚴重氣候問題的原因。再來，我們會計算使用當今技術減少碳排放的綠色溢價，並且找出可以降低綠色溢價、零碳排製造這些材料的方法。

鋼材的歷史可以追溯到大約4,000年前。數百年來，一連串的偉大發明讓我們得以脫離鐵器時代，轉而運用便宜又多功能的鋼材。根據我的經驗，大多數人無意深入了解鼓風爐（blast furnace）、攪煉爐（puddling furnace）和柏思麥煉鋼法（Bessemer process）的區別。但接下來是你需要知道的重點。

我們之所以喜歡鋼材，是因為它既堅固又容易在高溫下成型。煉鋼需要純鐵與碳，鐵本身並不堅韌，但加入適量的碳

（碳含量在1%之內，依你需要的鋼材種類而定），讓碳原子嵌於鐵原子之間，即能賦予鋼材不可或缺的強韌。

碳和鐵並不稀有，碳可以從煤中取得，鐵則是地殼中常見元素。但純鐵則相當罕見：鐵被挖掘出土時，幾乎必定與氧等元素結合，這種混合物稱作鐵礦。

煉鋼需要把氧由鐵礦中分離出來，並加入少量的碳。只要有氧與焦煤（coke），藉由極高溫（攝氏1,700度或華氏3,000度以上）熔化鐵礦，就可以同時達到兩項目的：在極高溫下，鐵礦釋放出氧，焦煤釋放出碳。部分的碳與鐵結合，形成我們需要的鋼，其餘的碳則抓住氧氣，形成二氧化碳這個我們不要的副產物，而且產量頗多：每冶煉1噸重的鋼材，會產生約1.8噸的二氧化碳。

為什麼我們要這樣煉鋼呢？答案是便宜。在我們擔心起氣候變化之前，並沒有改採其他技術的誘因。鐵礦開採容易（因此也很便宜），煤價同樣低廉，因為地下蘊藏量豐富。

因此，即使美國本土產量趨緩，全球仍將繼續製造更多鋼材。目前，有數個國家的原鋼產量超越美國，包括中國、印度和日本。2050年前，全球鋼材年產量將達到28億噸。到了本世紀中，每年光是煉鋼就會釋放50億噸二氧化碳。除非我們找到不危害氣候的全新煉鋼技術。

聽起來是個不小的挑戰，混凝土更是鐵板一塊（抱歉，此處並非故意雙關）。製造混凝土需要攪拌礫、砂、水與水泥，前三項材料相對容易取得，但水泥就會造成氣候問題。

製造水泥需要鈣，而鈣得先取得石灰（含有鈣、碳和氧），再跟其他材料共同放入爐內燃燒。

由於有碳和氧，結果不難想見。燃燒石灰後，便得到製造水泥所需要的鈣，以及不需要的二氧化碳。沒有人曉得略過這項製程來製造水泥的方法。這個製程屬於化學反應，即石灰加熱會分解成氧化鈣與二氧化碳，所以無法規避，而且分解出的物質是一比一，即每製造1噸的水泥就會釋放1噸的二氧化碳。

就像鋼材一樣，我們不可能停止製造水泥。中國是目前最大的水泥生產國，超過位居第二的印度七倍，產量甚至超越其餘各國的總和。從現在一路到2050年，中國的建設熱潮降溫，換小型開發中國家大興土木，全球水泥年產量會微幅上升，之後再落到每年40億噸左右，大約是現在的水準。

相較於水泥和鋼鐵，塑膠顯然年輕許多。雖然早在數千年前，人類就開始使用橡膠等天然塑膠，但一直到1950年代化學工程出現重大突破，合成塑膠才嶄露頭角。

現今的塑膠可以分成二十多種，從一般人想得到的東西，例如盛裝優格的容器聚丙烯，到意想不到的用途，例如油漆、地板拋光劑與洗衣粉中含有的丙烯酸類，肥皂和洗髮精中的塑膠微粒，以及防水夾克中的尼龍，或是我在1970年代所穿的那些難看衣服裡的聚酯纖維。

這些不同種類的塑膠有著一項共同點：成分中都含有碳。原來，碳因為能輕易與不同元素結合，適用於製造各種材料。以塑膠為例，碳通常會與氫和氧結合。

讀到這裡，你大概就不會對塑膠業者取得碳的來源感到驚訝。他們往往透過提煉石油、煤或天然氣，再以各種方式加工精煉產品來獲得碳。這也是塑膠價格如此低廉的原因：就像水泥和鋼材，塑膠之所以便宜，是因為化石燃料便宜。

有別於水泥和鋼材，塑膠有一項根本的差異：製造水泥或煉鋼時，難免會釋放出二氧化碳這個副產物，但製造塑膠時，大約有一半的碳會留在塑膠中（實際的比例範圍很大，端視塑膠種類而定，一半屬於合理的估值）。碳很容易與氧和氫結合，而且難以分開，因此塑膠需要長達數百年才會分解。

這是重大的環境問題，因為被傾倒至垃圾掩埋場和海洋中的塑膠，都會留置於環境中一個世紀以上。這也是亟需解決的問題：漂浮在海洋中的塑膠材料，會引發許多生態問題，包括毒害海洋生物。但塑膠不會讓氣候變遷惡化。單從排放量的角度來看，塑膠成分中的碳問題不大，因為塑膠需要很長的時間才能分解，因此裡頭的碳原子並不會進入大氣層、造成地球溫度升高。至少要好久好久以後才有可能。

我在此要強調，這項調查只涵蓋了我們現今製造的三樣最重要的材料，還不包括肥料、玻璃、紙張、鋁等其他材料。儘管如此，重點是一樣的：我們製造了大量的材料、釋放大量的溫室氣體，幾乎占了每年520億噸的三分之一。我們需要把這些氣體排放量降到零，但又不能停止生產這些材料。本章後半，我們將探討替代方案，看看綠色溢價究竟多高，以及科技能夠如何降低溢價，好讓每個人都想採用零排放的方法。

如何降低綠色溢價

想要計算材料的綠色溢價，得先了解生產過程的排放來源。我通常以三個階段思考，也就是溫室氣體的排放情境：一、當我們使用化石燃料發電，以提供工廠營運所需電力；二、當我們使用化石燃料產生不同製程所需的熱能，例如熔化鐵礦以煉鋼；三、當我們製造水泥這類的材料時，原本就會產生二氧化碳。接下來就讓我們逐一檢視這些階段何以推升綠色溢價。

針對第一個發電階段，我們在第四章中說明了大部分的關鍵難題。在考量封存、輸送，以及許多工廠需要全天候的穩定電力後，清潔電力的成本就會迅速上升。大多數國家耗費的成本都高於美國或歐洲國家。

接著是第二階段：我們如何在不燃燒化石燃料的情況下

產生熱能？假如不需要超高溫度，就可以使用電熱泵與其他技術。但若需要數千度的高溫時，電力就不是平價的選項 —— 至少以現今的技術來說所費不貲。因此，我們不得不使用核能或燃燒化石燃料，然後以碳捕集裝置來濾掉排放物。可惜，碳捕集並非免費，徒增製造商的成本，進而轉嫁到消費者身上。

最後是第三階段：我們要如何處理必定會釋放溫室氣體的製程呢？請記住，製造鋼材與水泥會排放二氧化碳，不僅是燃燒化石燃料的結果，也是製程中必然產生的化學反應。

現在，答案顯而易見：只要不停止製造這些材料，我們就無法避免碳排放。但若想利用現有技術來消除碳排放，選項就跟第二階段一樣受限 —— 我們只得使用化石燃料和碳捕集技術 ，而這又會增加成本。

有鑑於此，我們分別來看看塑膠、鋼材與水泥，在使用碳捕集後，可能的綠色溢價範圍。

塑膠、鋼材與水泥的綠色溢價

材料	每噸均價	生產每噸的碳排放量	碳捕集後的價格	綠色溢價範圍
乙烯（塑膠）	$1,000	1.3 噸	$1,087-$1,155	**9% -15%**
鋼	$750	1.8 噸	$871-$964	**16% -29%**
水泥	$125	1 噸	$219-$300	**75% -140%**

除了水泥溢價偏高，其餘溢價範圍看似不高。在某些情況下，消費者確實感受不到差異。例如，一輛30,000美元的汽車可能含有一噸鋼材，價格是750美元或950美元，對汽車整體價格影響非常小。即使是你幾天前從自動販賣機購買的2美元瓶裝可樂，塑膠在整體價格中所占比例也是微乎其微。

然而，消費者的最終成本並非唯一重要因素。假設你是西雅圖市聘僱的工程師，正在審查維修某座橋梁的標案。其中一個標案的水泥價格是每噸125美元，另一個標案的水泥價格在加上了碳捕集的成本後，每噸是250美元。你會選擇哪一個？如果沒有誘因促使你選擇零碳排水泥，最後一定會挑便宜的。

或者，假如你經營一家汽車公司，願不願意多花25%的成本來購買鋼材？答案通常是否定的。要是競爭對手決定繼續使用便宜材料，就更不願意多花錢了，儘管汽車整體價格只會增加一點點。利潤已夠微薄了，你完全不會想看到自己的主要商品價格上漲25%。這個產業的利潤空間本就不大，25%的溢價可能會為公司帶來破產的風險。

儘管某些產業會有部分製造商願意承擔成本，以展現自己正在盡力對抗氣候變遷，但只要維持這樣的價格，我們便難以撼動碳排歸零所需的體制變化，也不能指望靠環保產品的消費需求上升來降低價格。畢竟，消費者不會購買水泥或鋼材，大企業才是主要買家。

想降低綠色溢價，還有不同的方法。其一是利用公共政策來創造對無汙染產品的需求，譬如擬定誘因或相關規定，以提升零碳排水泥或鋼材的採購。一旦有法律規定、客戶要求，加上競爭對手採取相同措施，企業就更可能願意為清潔材料支付溢價。我會在本書第十章和第十一章說明這些誘因。

關鍵在於製程創新

但有一點至關重要：我們需要製程上的創新，生產材料的同時達到零排放。以下就來探討部分契機。

本章我提及的所有材料中，水泥最為棘手，因為水泥加熱就等於氧化鈣加二氧化碳，實在難以避免。但有些企業也已經找到了好辦法解決這個問題。

方法之一是把回收的二氧化碳（可能是在水泥製程中捕集）注入水泥，再用於施工現場。採取此法的公司目前已有數十家客戶，其中包括微軟和麥當勞；目前為止，這只能減少10%左右的排放量，未來希望能達成減量33%的目標。另一項更偏理論階段的方法，是利用海水混合捕集自發電廠的二氧化碳來製造水泥；這項技術的發想者認為，此舉最終可以減少70%以上的排放量。

然而，即使這些方法大獲成功，也無法產生100%的無碳水泥。在可預見的未來，我們仍得依靠碳捕集與直接的空氣捕集（假如真的實現）來攔住水泥製程排放的碳。

就幾乎所有其他材料來看，我們最需要的是，大量穩定的清潔電力。電力已占全球製造業使用能源的四分之一；為了提供動力給所有工業製程，我們既要利用現有的清潔能源技術，還要開發全新的技術，如此方能低廉地生產與儲存大量的零碳排電力。

很快地，隨著我們以電氣化這項減少碳排的技術，在部分工業製程中使用電力代替化石燃料，我們會需要更多電力。舉例來說，有項很厲害的煉鋼技術便是用清潔電力來取代煤。一家我密切關注的企業已開發出「氧化物熔體電解」（molten oxide electrolysis）這項新製程：毋需在爐內用焦煤燒鐵，而是透過含有液態氧化鐵等成分的電池通電；電力使氧化鐵分解，剩下煉鋼所需的純鐵，以及副產物純氧，過程完全不會產生二氧化碳。這項技術類似於一百多年來我們用來淨化鋁的製程，前景可期。然而，就如同其他構想，目前尚未證實在工業規模也可發揮作用。

清潔電力有助我們解決另一項難題：製造塑膠。如果有充分的條件到位，塑膠有朝一日可望成為碳匯（carbon sink）：不僅不會產生碳排，還能做為消除碳排的管道。

首先，我們需要零排放的技術來供應精煉所需能源，例如清潔電力，或由清潔電力所產生的氫。再來，我們得想辦法不靠燃煤取得塑膠所需的碳。方法之一是，從空氣中濾出二氧化碳，再將碳分離出來，但這項製程十分昂貴。眾多企業正在研究另一項方法，是從植物身上來提取碳。最後，我們需要零碳排的熱能，可能來自有著碳捕集設施所產生的清潔電力、氫或天然氣。

如果這些條件齊全，我們就可以在製作塑膠的同時，達成淨負排放的目標。確切來說，我們會找到一項技術，將空氣中的碳（利用植物或其他方法）分離出來，再放入瓶子或其他塑膠產品中，封存數十年或數百年，而不會產生額外的排放，最後我們封存的碳就會超越排放的碳。

除了尋找製造零排放材料的技術，我們也可以單純減少使用量。回收更多的鋼材、水泥與塑膠，並不足以消除溫室氣體排放，但終究會有幫助。我們可以回收更多材料，但同時也要研發新技術以減少回收所需能源。相較於回收，再利用幾乎不大需要能源，因此我們也應該設法開發能重複利用的材料，來製造產品。最後，大樓和道路的設計也可以限制水泥與鋼筋的使用；在某些情況下，層層木材黏合而成的多層次實木結構積材（cross-laminated wood）就足以替代前述兩種材料。

綜上所述，製造業邁向零排放的道路上有以下目標：

1. 盡可能把每個製程電氣化，這需要大量創新。
2. 從低碳化電網獲取電力，也會需要大量創新。
3. 利用碳捕集技術吸收剩餘的碳排，同樣需要創新。
4. 提升材料的使用效率，這同樣需要創新。

早點習慣這個主題吧，因為後面的章節還會一再出現。下一章要討論農業，主角是20世紀偉大的無名英雄，以及一座座滿是打嗝乳牛的牧場。

第六章

我們如何耕種養殖

——占年排放量520億噸的22%

我們需要生產更多的糧食，也要朝著零排放的目標前進，
這有賴許多全新技術，富國人民也要改變部分飲食習慣。

我們一家大小都熱愛起司漢堡。小時候，每當我參加童軍遠足，所有人都想搭我爸爸的車回家，因為他在回程路上會請大家吃漢堡。多年後，在微軟草創初期，我都在公司附近的漢堡大師（Burgermaster）這家西雅圖歷史最悠久的漢堡連鎖店用餐，吃了無數的午餐、晚餐和宵夜。

後來，在微軟大獲成功，但我與梅琳達尚未成立基金會之前，父親開始把住家附近的漢堡大師當做非正式的辦公室。他往往坐在餐廳內，一邊吃著午餐、一邊篩選我們收到的捐款申請。過了一段時間，消息傳開了，老爸開始收到指名給他的信件，收件人是「漢堡大師主顧：比爾・蓋茲老爸」。

那已經是20多年前的事了。老爸後來把他的辦公地點，從漢堡大師移至基金會。雖然我仍然愛吃起司漢堡，但已不像以前那麼常吃，因為我現在明白了，牛肉這類肉品對於氣候變遷造成的衝擊。

飼養食用動物是溫室氣體排放增加的主因，而這在學者專家所謂「農業、林業與其他土地利用」的產業中，更高居碳排之冠。這個產業涵蓋廣泛的人類活動，從飼養動物、種植農作物到採伐林木等，過程中會製造各種溫室氣體。以農業來說，罪魁禍首不是二氧化碳，而是甲烷。一個世紀以來，甲烷造成的暖化程度是二氧化碳的28倍。另外還有一氧化二氮，造成的暖化程度是二氧化碳的265倍。

據統計，每年甲烷和一氧化二氮的總排放量相當於超過90億噸的二氧化碳，占農業、林業、其他土地利用產業所有溫室氣體的80%以上。如果不採取行動抑制，隨著我們種植糧食作物以餵飽不斷成長又逐漸富裕的全球人口，這個比例還會繼續上升。如果我們想接近淨零排放，就不得不設法在種植植物、飼養動物的同時，也能減少並最終消除溫室氣體。

然而耕作畜牧並不是唯一難題。我們還必須因應毀林與其他土地用途，這類行為不僅釋放數十億噸二氧化碳到大氣層，還破壞了重要的野生動物棲地。

本章探討的主題極為龐雜，討論起來有點天南地北。我會介紹自己景仰的一位英雄人物，他是榮獲諾貝爾和平獎的農藝學家，拯救了10億人免受飢餓之苦，但在全球發展的圈子外，他卻鮮為人知。我還會探討豬糞與牛嗝的來龍去脈、氨的化學成分，以及種樹是否有助避免氣候災難。在我們談及這些主題之前，不妨先從一則知名的預言開始。這則預言後來證明與事實的發展不符。

創新的力量

1968年，美國生物學家保羅·埃利希（Paul Ehrlich）出版了名為《人口爆炸》（*The Population Bomb*）的暢銷書。他在書中建構出一個悲涼未來，與《飢餓遊戲》（*Hunger Games*）這類小說的反烏托邦景象相去不遠。埃利希寫道：「養活全人類的戰鬥結束了，到了1970與1980年代，數億人會餓死，現在開始實施任何應急計畫都是徒勞。」他還指出：「印度不可能在1980年前多養活2億人。」

這些預言都沒有實現。在《人口爆炸》一書問世後，印度的人口再成長了8億多，如今已是1968年的兩倍多，但印度生產的小麥與稻米是當年的三倍多，經濟成長了50倍。整個亞洲與南美洲國家的農民也見證了生產力的提升。

因此，儘管全球人口不斷成長，印度等地並沒有發生數億人餓死的情況，糧食反而愈來愈平價，而非更昂貴。現今，美國家戶平均飲食預算低於30年前，這個趨勢在世界其他地方也看得到。

我不是說嚴重的營養不良問題已經消失，這個問題仍然嚴重。事實上，改善全球最貧困人口的營養，是我與梅琳達的當務之急。但埃利希所謂大量人口餓死的預言，確實有違事實。

為何如此？埃利希等末日預言家漏掉什麼了嗎？

他們沒料到的是創新的力量。他們忽略了像諾曼・布勞格（Norman Borlaug）這類學者的存在。布勞格是位傑出的植物科學家，引動了農業革命，促進印度等地的糧食成長。布勞格開發出的小麥品種具有大顆粒等特性，使得每單位土地能產出更多糧食，也就是農民口中的提高產量（布勞格發現，雖然培育出較大的麥粒，卻使小麥太重無法直立，因此再把麥稈變短，此品種便稱做半矮稈小麥）。

隨著布勞格的半矮稈小麥風行全世界，加上其他育種家針對玉米與水稻進行類似的培育，大部分地區的糧食產量出現三倍成長，饑荒人口急劇下降。如今，布勞格是公認拯救10億條性命的功臣。他在1970年獲頒諾貝爾和平獎，而我們仍深受他的成就影響。全球幾乎所有的小麥都是他培育成果的後代。這些新品種的缺點，就是需要大量肥料，而正如後面章節將要討論的，肥料會帶來一些不良的副作用。這位了不起的英雄真正的身分其實是「農藝學家」，只是多數人連聽都沒聽過。

那麼布勞格與氣候變遷又有什麼關聯呢？

全球人口預估將於2100年達到100億人，屆時我們需要更多的糧食餵飽所有人。由於全球人口會在本世紀末增加40%，所需糧食理應也得增加40%，實則不然，我們需要的糧食不只如此。

原因在於，隨著社會愈來愈富裕，民眾吃進更多熱量，其中又以肉類與乳製品為大宗。為了生產肉類與乳製品，我們就需要種植更多的糧食作物。舉例來說，一隻雞要吃下二卡的穀物，才能產生一卡的雞肉；換句話說，你飼養一隻雞所需的總熱量，等於最後食用熱量的二倍；飼養一頭豬所需的總熱量，等於食用熱量的三倍；養牛的比例最高，六卡飼料才能產生一卡的牛肉。換句話說，我們從這些肉類來源獲得愈多熱量，就需要種植愈多植物。

右頁圖表呈現了世界各地肉類消費的趨勢。美國、歐洲、巴西和墨西哥的消費趨勢基本上持平，但中國等開發中國家卻迅速攀升。

在此浮現一道難題：我們需要更多糧食，但如果繼續沿用現有生產技術，只會造成氣候浩劫。為了養活100億人，要是我們不改善每英畝牧草或耕地的糧食產量，相關碳排就會上升三分之二。

另一個隱憂則是，如果我們大力推廣植物發電，可能會意外引發耕地爭奪大戰。正如我在第七章將提到的，由柳枝稷（switchgrass）等植物製成的先進生質燃料，可以為卡車、船舶與飛機提供零碳動力，但假如我們在原本用來養活成長人口的土地上種植這些作物，可能會無意中抬高糧食價格，害更多人面臨貧困和營養不良的窘境，加劇原已嚴重的毀林速度。

為了避免落入這些陷阱，我們得在接下來數年內達成類似農藝學家布勞格締造的成就。在研究該有哪些突破之前，我想先說明這些碳排從何而來，再來探討我們利用當今技術消除碳排的幾種選項。

正如我在前一章所言，我會用綠色溢價來呈現當前溫室氣

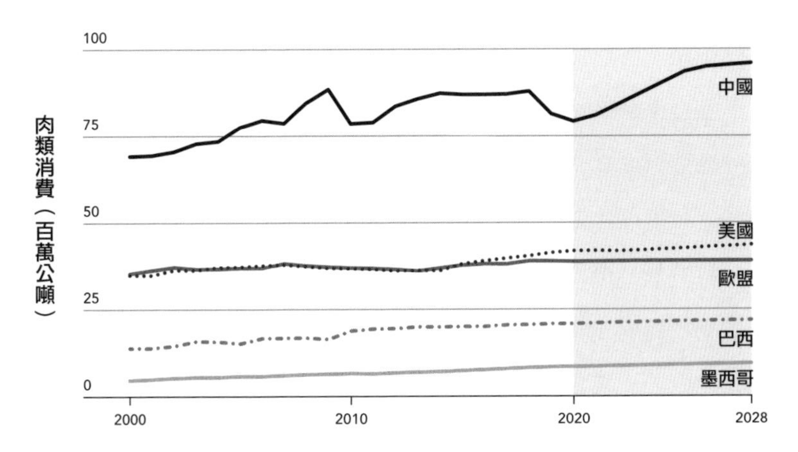

大部分國家的肉類消費都未增加：中國是明顯的例外。（OECD-FAO Agricultural Outlook 2020）

體消除成本太高的原因，並提出我們需要新發明的主張。

這就會談到牛嗝和豬糞了。

如何享受美味，也減少碳排

假如你檢視人類的胃部構造，只會看到一個腔室，食物在此開始消化，再進入腸道。假如你看的是牛胃，就會看到四個腔室，因此牛才能吃下牧草等人類無法消化的植物。牛胃裡的細菌會分解植物中的纖維素，進而發酵、產生甲烷，這個過程稱為腸道發酵。牛多半會藉由打嗝排出甲烷，少數會從另一頭放屁排出。

全球大約飼養了10億頭牛，用於生產牛肉與乳製品，而每年因牛群打嗝和放屁排出甲烷所造成的暖化效應，相當於20億噸二氧化碳，占全球總碳排的4%左右。

打嗝放屁時釋出甲烷，是乳牛、綿羊、山羊、鹿與駱駝等反芻動物特有的問題。但還有另一個不分動物、造成溫室氣體排放的原因：糞便。

糞便分解時會釋放多種強大的溫室氣體，主要是一氧化二氮，部分是甲烷、硫與氨。相關碳排有半數來自豬糞，其餘是牛糞。動物糞便何其多，成為農業碳排的第二大來源，僅次於腸道發酵。

對於動物的排便、打嗝與放屁，我們有何對策呢？這個問題確實棘手。研究人員已想方設法來應付腸道發酵，譬如使用疫苗以減少牛腸道中甲烷生成菌的數量、培育產生較少碳排的牛隻、添加特殊飼料或藥物到牛的飲食。這些方法大多成效不彰。不過有個例外讓人看到一絲希望，即「3-硝基氧丙醇」（3-nitrooxypropanol）的化合物可以減少30%的甲烷排放量，但必須每天至少餵牛一次，因此，這對大多數放牧業者來說不切實際。

不過，我們有理由相信，即使沒有任何新技術、毋需大幅增加綠色溢價，仍然可能減少溫室氣體排放。事實證明，一頭牛產生的甲烷多半取決於生長環境。舉例來說，南美洲牛隻排放的溫室氣體是北美洲牛隻的五倍，非洲牛隻的排放量更大。北美洲或歐洲飼養的牛隻可能是經過改良的品種，飼料轉換成牛奶與肉類的效率較高，通常也有較好的醫療照顧與高品質的飼料，因而產生較少甲烷。

如果我們能將品種改良與減少甲烷排放的正確做法加以推廣，包括為非洲乳牛雜交育種以提升生產力、使高品質飼料更為平價普及，就能減少溫室氣體排放，幫助貧困農民賺更多錢。在處理糞便上也是，富國的農民可以獲得各項技術支援，清理牛糞的同時也能減少碳排。隨著這些技術成本更為低廉，貧困農民最終也會受惠，我們便有更大的機會壓低碳排。

飲食力行純素的民眾，可能會提出另一項解決方案：我們根本不必嘗試這些減少碳排的方法，只要停止飼養牲畜就好。我能理解這項論點的吸引力，但不認為它符合現實。

首先，肉類在人類文化中扮演重要角色。即使在肉類稀少的地方，吃肉往往都是節慶活動的關鍵一環。法國的美食大餐包括前菜、肉類或魚類、起司與甜點，已正式被列為該國無形文化資產。根據聯合國教科文組織網站上的條目所述：「美食大餐著重的是融洽的氣氛、味覺的饗宴，以及人類與自然產物之間的平衡。」

但我們可以在享受肉類美味的同時，減少吃動物肉的頻率。選項之一是植物肉，即經過各種方式加工以模仿肉味的植物產品。我投資了「超越肉類」（Beyond Meat）與「不可能食品」（Impossible Foods）這兩家提供植物肉產品的公司，因此我的意見並不客觀。但不得不說，人造肉的品質相當不錯。只要調理得宜，完全可以取代牛絞肉。所有的人造肉都更為環保，因為所需的土地與用水少了很多，碳排放也能減量。此外，人造肉所需的穀物也較少，可以減少對糧食作物的壓力與肥料使用。一旦養在狹小籠子裡的牲畜數量減少，對於動物福利毋寧是一大助益。

然而，人造肉卻有著高昂的綠色溢價。平均來說，牛絞肉的替代品成本高出86%。隨著這些替代品的銷量增加，以及更多競爭對手進軍市場，我樂觀地相信，它們最終會比動物肉來得便宜。

歸根究柢，社會大眾對人造肉最大的疑問是味道，而不是價格。雖然漢堡的口感相對容易用植物模仿，但要說服消費者吃進嘴巴的是「牛排」或「雞胸肉」，就難上許多。大眾是否願意因此改變習慣？是否有足夠多的民眾改吃人造肉，進而促成實質改變呢？

漸漸地，我們看到了一些進展。我承認，就連我也很意外「超越肉類」和「不可能食品」現在締造的佳績，難以想像當初創業路途多舛。我曾參加「不可能食品」公司早期的烹飪示範活動，他們把漢堡燒焦到觸發煙霧報警。如今，他們的產品隨處可見，至少在西雅圖地區和我造訪的城市是如此。「超越肉類」公司在2019年首次公開募股，結果大獲成功。雖然要普及可能還需要10年左右，但我認為隨著產品的品質提升、售價降低，終究會受到憂心氣候變遷與自然環境保育的民眾青睞。

另一種方法類似植物肉，但不是將植物加工讓味道像牛肉，而是在實驗室中培養出肉類。名字有點不討喜，例如「細胞肉」、「培植肉」和「乾淨肉」，大約有二十多家新創公司正努力把人造肉引進市場，但產品可能要到2020年代中期才會出現在超市貨架上。

記住，這並不是「假」肉。培植肉與任何兩條或四條腿的動物一樣，同樣具有脂肪、肌肉與肌腱，差別在於人造肉不是來自農場，而是在實驗室內所製造。科學家從活體動物身上取得部分細胞，先讓細胞自行繁殖，再催化成我們習慣食用的組織。整個過程幾乎不會排放溫室氣體，只需要提供實驗室所需的電力。這項方法的缺點是所費不貲，也不清楚究竟能降低多少成本。

上述兩類人造肉，還面臨另一場艱困的戰役。美國至少有17個州議會設法阻止人造肉產品貼上「肉類」的標籤，其中有一州甚至提議完全禁止人造肉的銷售。因此，即使技術進步與產品降價，我們也需要針對相關法規、包裝與銷售進行健全的公共辯論。

最後，還有一種方法能減少糧食的碳排：減少浪費。在歐洲、工業化亞洲國家與撒哈拉沙漠以南的非洲國家，超過20%的糧食遭人丟棄、任其腐敗或單純被浪費。在美國，這個比例達到40%。這對無法溫飽的人有失公平，更損害經濟與氣候。被浪費的食物腐敗後，其釋放的甲烷所導致的暖化相當於每年33億噸的二氧化碳。

至關重要的解決之道是改變個人行為：珍惜現有的糧食。我們可以藉助科技來幫忙，舉例來說，有兩家公司正在研發隱形的植物塗層，可以延長水果和蔬菜的保鮮期限；這類塗層不但可以食用，還完全不影響風味。另一家公司則開發出智能垃圾桶，利用影像識別技術來追蹤家戶或企業浪費了多少糧食，最後會產生一份報告，針對丟棄的糧食計算出成本與碳足跡。聽起來有侵犯穩私之虞，但確實能提供民眾更多的資訊，最後做出更好的決策。

肥料的解藥

數年前，我走進坦尚尼亞三蘭港（Dar es Salaam）一座倉庫中，眼前的景象令我激動不已：數千噸合成肥料疊得像雪

2018 年，我前往坦尚尼亞三蘭港參觀亞拉肥料分銷中心。照片看不出來，但我樂在其中。

堆一樣高。那座倉庫屬於東非最大的亞拉（Yara）肥料分銷中心。我在倉庫四處走來走去，順便與在場工人交談，他們正把裝有氮、磷等營養成分的白色藥丸裝進袋子，準備用來滋養這塊世界上堪稱最貧困地區的作物。

這類參訪行程深得我心。聽起來或許有點怪，但我覺得肥料無比神奇，不僅是因為它能美化我們的院子和花園。除了農藝學家布勞格的半矮稈小麥與新品種的玉米和水稻，在1960到

1970年代期間，合成肥料也扮演舉足輕重的角色，引動農業革命改變世界。根據估計，如果我們無法製造合成肥料，全球人口將比現在減少40%到50%。

全球已使用了大量肥料，窮國應該用得更多。我提到的農業革命，通常被稱為綠色革命（Green Revolution），大體上繞過了非洲。一般非洲農民每畝土地獲得的糧食只有美國農民的五分之一，這是因為窮國農民大多缺乏優惠的信貸來購買肥料，而且運送肥料到鄉村地區得經過修建不佳的道路，導致價格高昂。如果我們能幫助貧困農民提高作物產量，他們就能賺更多錢來餵飽自己，讓世界上最貧窮國家中的數百萬人獲得更多糧食與營養素。我們會在第九章深入探討這件事。

為什麼肥料如此神奇？因為肥料提供植物關鍵的營養素，包括磷、鉀，以及跟氣候變遷息息相關的氮。氮素是一把雙面刃，與光合作用（即植物把陽光轉化成能量的過程）關係密切，因此氮素讓所有植物（我們糧食的來源）得以生長。然而，氮也會加劇氣候變遷。想要了解箇中原因，我們就要談談氮素對植物的作用。

農作物生長需要大量的氮素，遠遠超越自然環境所能提供。玉米添加氮素就能長到約3公尺高、產生大量種子。奇怪的是，大多數植物不能自行生成氮素，而是從土壤中吸收微生物所製造的氨，以獲得氮素。植物只要有氮素就會繼續生長，

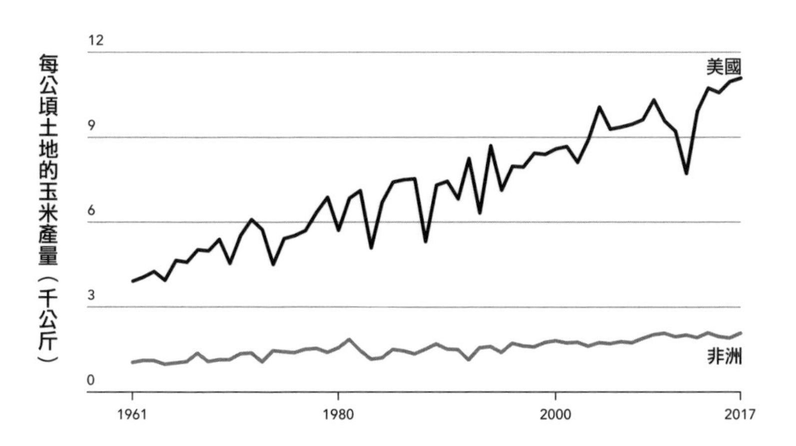

窮國與富國的農業發展差距極大：多虧了肥料等各方面的進步，美國農民每單位土地面積的玉米產量超越以往，然而，非洲農民的玉米產量卻幾乎沒有變化；縮小兩者差距才能養活人民、加速脫貧，但若缺乏技術的創新，氣候變遷只會使問題更加惡化。（FAO）

而氮素用完就會停止生長，因此添加氮素能促進植物生長。

數千年來，人類施用有機肥與蝙蝠糞石等天然肥料，替農作物補充額外的氮素。1908年出現重大突破：兩位德國化學家佛里茨·哈伯（Fritz Haber）、卡爾·博施（Carl Bosch）研究出一項方法能在工廠內用氮氣和氫氣製造氨。他們的發明影響深遠。現在我們熟知的「哈伯法」（Haber-Bosch），便可以製造合成肥料，大幅提升糧食產量、擴大作物的種植範圍。如今，這仍然是我們用來製造氨的主要方法。正如農藝學家布勞格是史上偉大的無名英雄，哈伯法可能是多數人聞所未聞、卻相當重要的發明。[1]

問題是，微生物在製氮過程中消耗大量的能量，因此已演化到只有絕對必要時（即周圍土壤缺乏氮）才會製造；若偵測到足夠的氮素，就會停止製造，這樣就可以把能量另做他用。因此，我們添加合成肥料時，土壤中的微生物就會偵測到氮素，並停止自行生產。

合成肥料還有其他缺點。合成肥料的成分需要氨，氨的製程需要熱能，我們往往藉助於燃燒天然氣，但此舉會產生溫室氣體。此外，要把合成肥料從生產設施運到倉庫存放（就像我在坦尚尼亞參觀的那座倉庫）、再送到使用肥料的農場，都是裝載於以汽油當燃料的卡車上。最後，土壤施了肥，大部分氮素都不會由植物吸收。實際上，全世界的農作物只吸收了不到一半的耕地氮素，其餘則流入地下或河流，造成水汙染，或以一氧化二氮的形式逸散到空氣中。你應該還記得，一氧化二氮的暖化效果，是二氧化碳的265倍。

2010年，肥料總計造成大約13億噸的溫室氣體排放。到了本世紀中，可能會上升到17億噸。哈伯法帶來貢獻，卻也犧牲了環境。

遺憾的是，現今根本沒有務實的零碳肥料替代品。誠然，我們可以用清潔電力代替化石燃料來合成氨，藉此消除肥料製程的碳排，但這樣的成本高昂，恐會使肥料的價格大幅上漲。以美國為例，使用此技術生產尿素這種含氮肥料，成本會增加超過20%。

但這只是單純「生產」肥料的溫室氣體排放量。我們沒有任何方法可以捕集「施用」肥料時產生的溫室氣體，也沒有像碳捕集那樣的技術可以捕集一氧化二氮。這代表我無法計算出零碳肥料的完整綠色溢價，也就是說，此領域亟需極具意義的創新。

嚴格來說，如果農民有技術能仔細監測氮濃度，並在作物生長季節適量施肥，就有可能改善農作物吸收氮素的效率。但這個過程昂貴又耗時，而肥料價格低廉（至少在富國是如此），多施點肥才更符合經濟效益，至少有足夠肥料將農作物的產量最大化。

部分業者已開發出添加劑，宣稱可以幫助植物吸收更多氮素，減少流入地下水或蒸發到大氣的氮素。然而，這些添加劑只用在全球2%的肥料中，因為效果時好時壞，製造商也沒有投入大量資金改善效能。

還有一些專家正在研究其他技術來解決氮吸收問題。舉例

1. 哈伯的過去備受爭議。除了製氨的研究造福人群，他還率先推動氯氣等毒氣的使用，成為第一次世界大戰的化學武器。

來說，有些研究人員正在對新品種的農作物展開基因研究，這些農作物可以利用細菌來固氮。有家業者便開發出能固氮的基改微生物；基本上，就是不透過化肥添氮，而是直接將細菌加到土壤中，即使土壤中已存在氮氣，細菌也會一直產生氮。假如這些技術奏效，便會大大減少對肥料的需求、壓低肥料造成的溫室氣體排放量。

設法遏止濫砍林地

前面所提的內容，我都廣義地歸類為農業，約占農業、林業和其他土地利用碳排量的70%。另外的30%，我可以用一個詞概括：濫伐或毀林。

根據世界銀行的資料，1990年以來，全球喪失了約130萬平方公里的林地（這個面積比南非或秘魯還大，降幅大約為3%）。毀林的衝擊顯而易見，例如，樹木遭燒毀後就會迅速釋放所含的二氧化碳，還有其他難以察覺的損害。一棵樹被連根拔起時，土壤會受到擾動，而土壤中其實封存了很多碳（土壤的碳含量超越大氣與所有植物碳含量的總和）。移開樹木時，這些封存的碳就會以二氧化碳的形式釋放到大氣中。

如果每個地方都基於同樣原因出現毀林，阻止起來就會比較容易，然而情況並非如此。以巴西為例，過去數十年來，亞馬遜雨林受到破壞大都是為了開闢牧場來養牛（自1990年以來，巴西的森林已萎縮了10%）。由於食物是全球商品，一國的消費會導致另一國土地使用的變化。隨著全球肉類消費成長，更加速了拉丁美洲的毀林。吃進愈多漢堡，就得砍愈多樹木。

這類碳排迅速增加。全球性的非營利組織世界資源研究所（World Resources Institute）有項研究發現，如果將土地使用的變化納入考量，美式飲食所產生的碳排幾乎等於美國人在發電、製造、運輸和建築使用的能源總和。

但在其他地方，毀林不是為了生產更多的漢堡、牛排。例如在非洲，是為了清空土地，好種植糧食作物、製造燃料，以滿足非洲大陸不斷成長的人口。奈及利亞的毀林率在全球名列前茅，自1990年以來，該國樹木覆蓋率減少超過60%。奈及利亞也是主要木炭出口國，木炭就是由木材碳化而成。

相較之下，印尼的毀林是要種植棕櫚樹。棕櫚樹提供了棕櫚油，用途廣泛，舉凡電影院爆米花到洗髮精的成分皆然。這也是印尼成為全球第四大溫室氣體排放國的主因。

我真希望現在就出現足以保護全球森林的重大發明。有些技術多少會有助益，例如先進的衛星監測器，可以更容易發現毀林與森林大火，並在事後評估破壞的程度。我也在關注數家企業，他們正在研發棕櫚油的合成替代品，好讓我們不必砍伐大量森林來開闢棕櫚田。

問題的關鍵不是技術，而是政治與經濟。人類砍樹並非人性本惡，而是砍樹的誘因超越不砍樹的動機。因此，我們需要政治和經濟的解決方案，包括向各國支付維護森林的費用，執行旨在保護相關地區的法規，確保鄉村地區有多元的經濟機會，不必因為生存而開採自然資源。

你可能聽過一項跟森林相關的氣候變遷解決方案：藉由植樹造林來捕集大氣中的二氧化碳。雖然聽起來是很單純的想法，成本與技術門檻都是最低的碳捕集方式，對我們愛樹的人來說也吸引力十足，但此項主張其實觸及非常複雜的主題，需要更多研究，而目前對於氣候變遷的影響似乎被誇大了。

就像全球暖化一樣，你必須考量眾多因素：

一棵樹終其一生能吸收多少二氧化碳？

不一定，但根據經驗大約是40年吸收4噸二氧化碳。

樹會活多久？

假如樹被大火燒毀，封存的二氧化碳會釋放到大氣中。

假如沒植樹會發生什麼事？

假如該地本來就會自然長出樹來，那其實不會額外提升碳吸收量。

植樹造林的地點為何？

平均來說，白雪覆蓋地區的樹木導致的升溫大於降溫，因為樹木的顏色比冰雪來得深，而深色比淺色容易吸熱。相較之下，熱帶雨林中的樹木造成的降溫大於升溫，因為它們釋出大量水氣，水氣升空形成雲層，雲層便會反射陽光。在介於熱帶和極圈之間的中緯度地區，樹木造成的升降溫則沒有差別。

同一地點是否已有其他農作物生長？

舉例來說，如果你決定以森林取代一座大豆農場，同時也減少了大豆的總量，進而推升大豆價格，導致其他地方可能有人會砍樹來種植大豆。如此便會抵銷植樹帶來的部分效益。

若把所有考量到的因素都加以計算，可以得出，在熱帶地區種植大約20公頃的森林，才能吸收一個美國人畢生產生的碳排。把這個面積乘上美國的人口，就是超過64億公頃的面積，相當於6,500萬平方公里，大約占全球陸地的一半，而且樹木永遠不得砍伐。這僅僅計入美國，還沒考量其他國家的碳排。

在此要澄清一下：樹木的優點很多，就美學與環境來說都是，我們應該要多多植樹造林。在大多數情況下，植樹以原生種為佳，這樣才有助消弭毀林造成的傷害。但目前缺乏務實方法，使得造林難以解決燃燒化石燃料導致的問題。因應氣候變遷最有效的林木相關策略，就是不再大量砍伐現有森林。

這一切導向的結論是：我們需要多生產70%的糧食，同時也要減少碳排放量，並朝著完全消除碳排的目標前進。這有賴許多新技術，包括替植物施肥、飼養牲畜與減少糧食浪費的全新方法，富國人民也需要改變部分習慣，例如少吃點肉，縱使一家老小都熱愛漢堡。

第七章

我們如何運輸

——占年排放量520億噸的16%

享受旅行與交通種種便利的同時，

如何才不會汙染宜居的氣候呢？

我們是否擁有相關技術，有哪些值得期待的創新？

在進入本章正文之前，讓我們先來做一個小測驗，解答兩道題目：

1. 以下物品中，哪個蘊藏的能量最大？

A. 一加侖汽油

B. 一枚炸藥

C. 一顆手榴彈

2. 以下物品中，哪個在美國的價格最低？

A. 一加侖牛奶

B. 一加侖柳橙汁

C. 一加侖汽油

正確答案分別是A和C：汽油。汽油的能量驚人；你得把130枚炸藥綁在一起，才能得到和一加侖汽油一樣多的能量。當然，炸藥是一次釋放所有能量，汽油則是慢慢燃燒。這正是車子需要加油而不是加炸藥的原因之一。

在美國，汽油非常便宜，雖然你在加油時可能不這麼認為。除了牛奶和柳橙汁，同樣是一加侖，汽油也比以下這些物品便宜：達沙尼（Dasani）瓶裝水、優酪乳、蜂蜜、洗衣精、楓糖漿、洗手液、星巴克的咖啡拿鐵、紅牛（Red Bull）能量飲料、橄欖油，還有喬氏超市（Trader Joe's）專賣的低價紅酒查爾斯蕭（Charles Shaw）。你沒看錯，一加侖汽油比一加侖「兩元拋」（Two Buck Chuck）紅酒還便宜。

接下來在閱讀本章時，請記得與汽油有關的兩件事：汽油產生的能量大，而且價格便宜。[1]這兩件事有助於提醒我們，評估每美元購買的能量時，汽油是黃金標準。除了柴油和航空燃料等類似產品外，日常用品中沒有其他能以如此低廉的成本換取一加侖的能量。

當我們尋找交通系統低碳化的方法時，必須先理解「每單

1. 當然，對於依賴汽車代步的人來說，汽油不像我列舉的其他東西，更像是必需品。如果你平時會留意個人消費習慣，油價上漲往往讓人有感，橄欖油上漲則偏無感，畢竟可以隨時決定不買。但重點是，在我們經常消費的東西中，汽油相對來說是偏便宜的。

位燃料」與「每美元所提供的能量」這個一體兩面的概念。你肯定知道，汽車、船舶與飛機使用燃料時，會排放二氧化碳，導致全球暖化。為了達到零碳排，我們就需要用能量密度高又便宜的東西來取代這類燃料。

你可能完全沒料到，交通運輸只占全球碳排的16%，位居第四，排在製造、用電與種植的後面。我得知這項事實時也很驚訝，相信很多人都跟我一樣。假如你在路邊隨便攔住陌生人，問他們哪些活動與氣候變遷有關，答案很可能會是燃煤發電、開車與搭飛機。

此種錯誤的認知不難理解。雖然交通不是全球碳排最大的主力，卻在美國穩居龍頭多年，其次才是發電。美國人太愛開車和搭飛機了。

無論如何，倘若我們要達到淨零排放，消除全球交通運輸釋放的所有溫室氣體，勢在必行。

這有多困難？非常困難，但並非不可能。

開發中國家的交通碳排仍在成長

在人類歷史的前99.9%的這段時間，我們不必依賴化石燃料就能到處移動。我們步行、騎乘動物、揚帆出海。到了19世紀初，我們摸索出如何運用煤來發動火車與蒸汽船，然後就再也回不去了。該世紀內，火車橫跨了整個大陸，船舶則把民眾與產品運往大洋彼岸。19世紀末，以汽油發動的車子出現了。20世紀初，民航客機問世，對於現今的全球經濟至關重要。

人類首度為了交通工具燃燒化石燃料至今不到200年，但化石燃料已成為我們賴以維生的一環。除非出現同樣便宜又能為長途旅行提供動力的替代燃料，否則我們不可能放棄使用化石燃料。

另一項難題是：我們需要消除的碳排放量，遠超過當前交通產生的83億噸。經濟合作暨發展組織（OECD）預測，至少到2050年前，交通需求仍將持續增加。即使考量到新冠肺炎疫情限縮了旅遊與貿易，交通需求依然會成長。交通產業所有的碳排成長都來自空中運輸、貨車運輸與海上運輸，小客車還排不上榜。海運目前處理的貨物占全球貿易量的十分之九，碳排放量占全球的3%。

大量的交通碳排來自富國。然而，這些富國大多在過去的10年內達到高峰，之後其實已略為下降。如今幾乎所有與交通相關的碳排成長都來自開發中國家，因為這些國家的人口不斷成長、愈發富裕並購買更多汽車。中國同樣是最佳案例。在過去10年內，中國的交通碳排倍增，自1990年來已上升10倍。

雖然再說下去會像唱片跳針，但正如前文探討發電、製造業與農業的章節，我對交通運輸仍要提出同樣的觀點：如今有

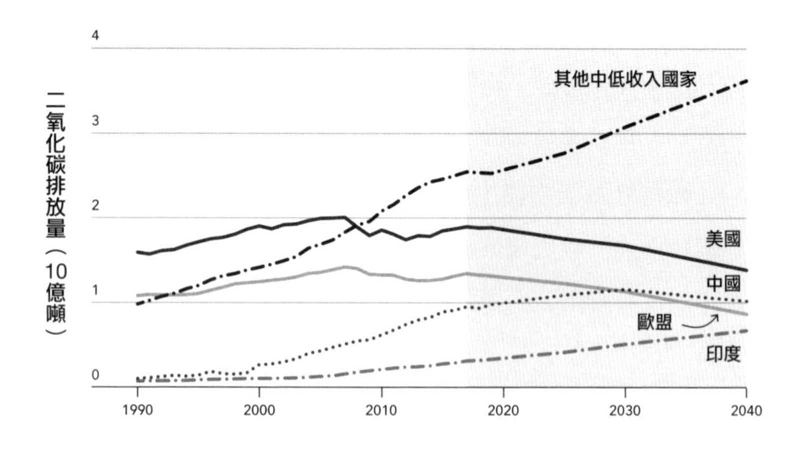

新冠肺炎疫情只減緩了交通碳排的成長，但並未停止：雖然許多地方的碳排放量有減少，但中低收入國家的排放量仍大幅上升，導致溫室氣體仍然持續增加。（IEA World Energy Outlook 2020; Rhodium Group）

愈來愈多人與貨物在移動，我們應該要感到慶幸。來回於鄉村和城市之間是展現個人自由的方式，對於需要將農作物運往市場的窮國農民來說，更是攸關生存的問題。上個世紀的人無法想像，國際航班連結起世界各地，結識外國人有助於我們了解彼此的共同目標。而在現代交通出現之前，我們一年四季的糧食選擇往往受限。我個人喜歡葡萄，不分季節都愛吃，之所以全年吃得到，是因為有貨櫃船從南美運來水果，然而這些貨櫃船目前是靠化石燃料提供動力。

在我們享受旅行與交通種種好處的同時，怎麼樣才不會汙染宜居的氣候呢？我們是否擁有相關技術，還是需要仰賴某些創新呢？

想要回答這些問題，我們就需要計算出交通的綠色溢價，而首先得深入了解這些碳排的源頭。

大型運輸工具碳排歸零不容易

下頁圓餅圖，顯示汽車、卡車、飛機、船舶的碳排所占比例。我們的目標是把每一項交通工具的碳排都歸零。

值得注意的是，小汽車、休旅車、摩托車等載客車輛幾乎占了碳排放量的一半。包括垃圾車和18輪卡車在內的中型與重型車輛，則占了30%。飛機、貨櫃船等海上船隻的碳排各占總量的十分之一，火車則占最後一點的比例。[2]

我們逐一分析，從載客車輛這個最大的占比類別開始，探討目前的減碳排方案。

載客車輛：全世界有大約10億輛汽車在路上行駛。單單2018年，扣除被淘汰的，我們就多了大約2,400萬輛載客車。

2. 提醒一下，我只計算各類車輛使用燃料所產生的碳排，而車輛製程的碳排（例如煉鋼、製造塑膠、工廠作業等等）則計入〈我們如何製造〉，詳見第五章的說明。

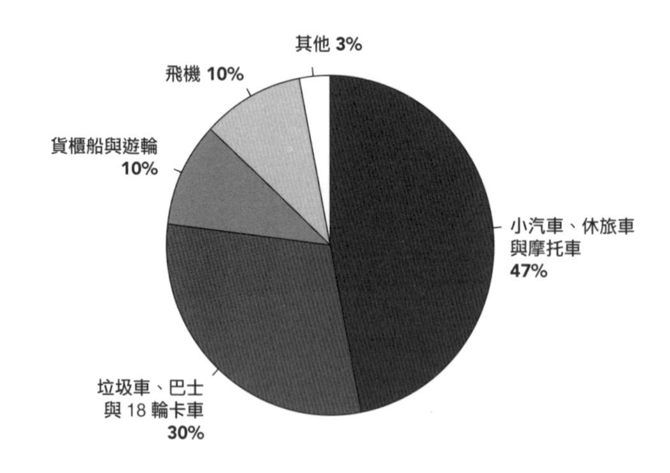

小汽車並非唯一的罪魁禍首：載客車輛占近一半的交通碳排。（International Council on Clean Transportation）

燃燒汽油難免會釋放溫室氣體，所以我們需要替代品：利用空氣中原有的碳當燃料，取代化石燃料中的碳，或是完全使用其他形式的能源。

我們先採取第二個方案。幸好，我們確實有其他形式的能源，雖然絕非完美，但已證明能發揮效果。你可能在自家附近的汽車經銷商，就能買到以替代能源發動的車子。

如今，你可以從五花八門的品牌，挑選一台全電動汽車：奧迪（Audi）、寶馬（BMW）、雪佛蘭（Chevrolet）、雪鐵龍（Citroen）、飛雅特（Fiat）、福特（Ford）、本田（Honda）、現代（Hyundai）、捷豹（Jaguar）、起亞（Kia）、賓士（Mercedes-Benz）、日產（Nissan）、寶獅（Peugeot）、保時捷（Porsche）、雷諾（Renault）、司麥特（Smart）、特斯拉（Tesla）、福斯（Volkswagen）等不勝枚舉，其中包括中國與印度的製造商。我就擁有一台自己非常喜歡的電動車。

雖然電動車一開始比燃燒汽油的同類車款貴得多，至今仍然是較貴的選擇，但近年來差價已大幅縮小，主要是因為電池成本自2010年以來下降了87%，再加上各種租稅優惠與盡速讓零碳排汽車上路的政府承諾。儘管如此，電動車仍需支付些微的綠色溢價。

舉例來說，下頁圖中兩款汽車都由雪佛蘭生產，分別為汽油發動的邁銳寶（Malibu）和純電動的閃電（Bolt EV）。

在引擎功率、乘客空間等方面，兩款汽車大致相當。雖然「閃電」貴上8,100美元（除非出現租稅優惠政策促其降價），但無法只使用汽車成交價來計算綠色溢價。重要的不只是買車的成本，而是購買與「持有」汽車的整體成本。舉例來說，你必須考慮到電動車需要的保養較少，而且動力是電而非汽油。另一方面，雖然電動車的價格較高，但你得支付更高額的汽車保險費。

考量到這些差異與持有成本時，「閃電」行駛每英里的成本比「邁銳寶」多出10美分。

雪佛蘭對上雪佛蘭：汽油發動的邁銳寶與純電動的閃電比較。

要如何理解每英里10美分呢？假如你每年行駛12,000英里，每年保費為1,200美元，雖然稱不上是小錢，但足以讓電動車成為許多購車族的合理選項。

這只是全美國的平均，其他國家的綠色溢價會有所不同，主要是電力成本與汽油成本之間的差異（較低的電費或較高的油價會壓低綠色溢價）。歐洲部分地區的油價非常高，電動車的綠色溢價甚至歸零。即使在美國，隨著電池價格不斷下滑，我預計在2030年前大多數電動車的綠色溢價將降為零。

這毋寧是天大的好消息，隨著電動車愈趨平價，我們理應要讓更多電動車上路（我將在本章結尾詳細說明方法）。但即使在2030年，電動車與汽油車相比，仍然會有一些缺點。

其一是油價變化很大，只有油價高於一定水準時，電動車才是較便宜的選項。2020年5月，美國汽油平均價格一度降到每加侖1.77美元，汽油如此便宜時，電動車就沒有競爭力了，畢竟電池相形之下實在太貴。以如今的電池價格來看，只有油價超過每加侖3美元左右時，對於電動車車主才會划算。

另一項缺點是，電動車充滿電力需要一個小時以上，汽車加油卻可以五分鐘以內搞定。另外，想靠電動車來避免碳排的前提，是要以零碳來源發電才行，因此我在第四章才會強調技術突破如此重要。如果我們從煤獲取電力，再用燃煤電力給電動車充電，只是換一種化石燃料罷了。

另外，想要淘汰路上所有汽油車也需要時間。平均來說，一輛汽車離開生產線後可以跑至少13年，最後才會被送進垃圾場。漫長的使用壽命意味著，假如我們想在2050年前讓美國每輛小客車都換成電動車，那麼電動車在未來15年內就必須占汽車銷量近100%，但現今的比例大約3%。

生質燃料前景可期

正如先前所提，另一項實現零碳排的方法是換成液態燃料，以使用大氣中現有的碳。這些燃料在燃燒時，並不會釋放額外的碳到空氣中，只是把製造燃料前的碳歸還。

當你看到「替代燃料」一詞時，可能會想到乙醇，即通常由玉米、甘蔗或甜菜糖製成的生質燃料。假如你在美國，平時汽車可能就在使用這類生質燃料了。美國販售的汽油大多含有10%的乙醇，而且幾乎都是由玉米製成。在巴西甚至有汽車燃料100%仰賴甘蔗製成的乙醇。然而，選擇生質燃料的國家寥寥可數。

問題來了，以玉米為原料的乙醇並不是零碳，而且根據生產技術，甚至可能稱不上低碳：種植農作物需要使用肥料；在精煉過程中，植物轉化為燃料也會產生碳排。而種植農作物當燃料會占用原本的糧食耕地，可能迫使農民砍伐森林，以便有地方種植糧食作物。

不過，替代燃料也並非一無是處。市面上先進的第二代生質燃料，就沒有傳統生質燃料的問題。這類燃料的來源通常是非糧食作物（除非你特別愛吃柳枝稷沙拉），或者來自農田殘留物（譬如玉米稈）、造紙剩餘的副產物，甚至是廚餘與庭院廢物。由於這些不是糧食作物，幾乎不大需要肥料，也不必種在專門提供人類或牲畜糧食的農田上。

有些先進的生質燃料會成為專家口中的「即用式」（drop-in fuels）燃料，可以直接用於傳統引擎。另一項優點是：我們可以利用油輪、油管等其他已耗費數十億美元建設與保養的基礎設施來運輸。

我對生質燃料的前景十分樂觀，但這個領域的阻力不小。

根據我的一次個人經驗，想在此有所突破非常困難。數年前，我得知有家美國公司握有獨家技術，可以將樹木等生質能轉化為燃料。我參觀了工廠，相當佩服眼前所見，在進行審慎評估後，投資該公司5,000萬美元。然而該公司的技術未能真正成熟，意味著工廠產量無法符合經濟效益，最後走上關閉一途。即便這是一個價值5,000萬美元的錢坑，我並不後悔當初的決定。我們需要探索不同理念，遭遇多次失敗也不氣餒。

可惜的是，先進生質燃料的研究資金仍然不足，加上目前也不夠普及，無法達到交通去碳化所需的規模。因此，想用生質燃料來替代汽油會相當昂貴。對於這類清潔燃料的確切成本，專家們也意見分歧，出現各式各樣的估價，我在此就使用數個不同研究的平均成本。

先進生質燃料取代汽油的綠色溢價

燃料類型	每加侖售價	零碳方案每加侖售價	綠色溢價
汽油	2.43美元	5美元（先進生質燃料）	**106%**

注：本表格與後文表格中的零售價是2015到2018年美國的平均值；零碳方案反映了當時的估價。

生質燃料從植物中獲取能量，但這不是打造替代燃料的唯一方法。我們還可以使用零碳電力結合水中的氫與二氧化碳中的碳，從而產生碳氫化合物燃料。因為過程需要用電，這類燃料有時被稱為電燃料（electrofuel），而且優點不少，不但屬於隨加即用，又因為是以大氣中捕集而來的二氧化碳製成，燃燒時也不會增加整體碳排。

但電燃料也有一項缺點，即非常昂貴。你需要氫氣才能生產電燃料，而正如我在第四章所說，製造氫氣又不排碳的成本很高。此外，你還得用清潔電力來製造，否則就失去意義，但我們的電網仍缺乏足夠的低廉清潔電力可供製造燃料。林林總總的成本加起來，便推升了電燃料的綠色溢價：

零碳方案取代汽油的綠色溢價

燃料類型	**每加侖售價**	**零碳方案每加侖售價**	**綠色溢價**
汽油	2.43美元	5美元（先進生質燃料）	**106%**
汽油	2.43美元	8.2美元（電燃料）	**237%**

這對一般家庭有什麼影響？美國一般家庭每年的汽油花費約為2,000美元，如果油價翻倍，就會多出2,000美元的溢價；如果油價變三倍，每輛車就會多出4,000美元的成本。

垃圾車、巴士與18輪卡車：不幸的是，就長途巴士與卡車來說，電池是較不實用的選項。移動的車輛愈大，在不充電的情況下要行駛得愈遠，就愈難光靠電力來發動引擎。這是因為電池很重，只能儲存有限能量。相較於輕型掀背車，重型卡車得靠更強大的引擎（即具備更多電池）來提供動力。

垃圾車和市區巴士等中型車輛通常較為輕巧，所以電力是可行的選項。此外，這些車輛還有一項優勢，就是行駛路線相對較短，而且每天晚上停在相同地點，因此設立充電站十分容易。擁有1,200萬人口的中國深圳，已將超過16,000輛巴士與近三分之二的計程車悉數電動化。有鑑於此，我認為巴士的綠色溢價將在10年內歸零，這意味著世界上大多數城市都能改用電動車。

但是，假如你想駕駛一輛滿載貨物的18輪卡車，來趟長途公路之旅，而不只是開著滿載學生的校車在社區附近晃晃，就需要攜帶更多電池。電池一旦增加，重量也會增加，而且是直線上升。

就從一磅重量來看，汽油的能量是目前最棒的鋰離子電池的35倍。換句話說，想要獲得與一加侖汽油相同的能量，需要的電池重量是汽油的35倍。

根據卡內基美隆大學（Carnegie Mellon University）兩位機械工程師2017年的研究指出，單次充電能行駛960公里的電動貨車需要大量電池，因此不得不少運25%的貨物。倘若輸送距離為1,440公里以上，根本不必考慮電動卡車，因為所需電池量多到幾乎無法載運任何貨物。

中國深圳已將超過 16,000 輛巴士電動化。

一輛普通柴油卡車能夠行駛超過1,600公里，不必中途加油。因此，為了讓美國所有卡車實現電動化，貨運公司必須改用載貨量較少的車輛、更頻繁地停車充電、每次充電花費數小時，然後再想辦法行駛於沒有充電站的公路上。短期內，根本不可能這麼做。當你需要短途行駛時，電力是不錯的選項，但對長途重型卡車來說，目前這並非務實的解決方案。

由於我們目前無法實現貨車電動化，解決之道就剩電燃料與先進生質燃料。可惜的是，兩者都伴隨著極高的綠色溢價。我們分別納入以下表格中：

零碳方案取代柴油的綠色溢價

燃料類型	每加侖售價	零碳方案每加侖售價	綠色溢價
柴油	2.71美元	5.5美元（先進生質燃料）	**103%**
柴油	2.71美元	9.05美元（電燃料）	**234%**

飛機與船舶：不久前，我和好友華倫・巴菲特（Warren Buffett）談到飛機如何去碳化。華倫問：「我們為什麼不能把電池裝上巨無霸客機當動力呢？」他原本就曉得飛機升空時，燃料就占了20%到40%的重量。因此，他聽完「需要35倍重的電池才能提供相同的能量」這項驚人事實，他馬上就懂了。你需要愈多動力，飛機就愈重，最後根本無法升空。華倫微笑以對，點點頭後說：「唉。」

凡是要設法提供動力給貨櫃船或客機等龐然大物時，我先前提到的經驗法則就成了鐵律：想移動的車輛愈大，在不充電的情況下要行駛得愈遠，就愈難把電力當成動力來源。除非有些出乎預料的突破，否則電池永遠不可能輕巧、強大到足以做為飛機和船舶長距離的動力。

不妨想想現今的科技。市場上最優異的全電動飛機可以搭載兩名乘客，最高時速達到336公里，飛行三小時就要充電。[3]相較之下，一架中等承載能力的波音787可以搭載296名乘客，時速達1,040公里，飛行將近20小時才要停下來加油。換句話說，以化石燃料為動力的民航噴射客機的飛行速度，是市場上最優異電動飛機的三倍以上，飛行時間達到六倍，載客量更是將近150倍。

電池的性能固然愈來愈好，但看不出未來有機會縮小這個差距。如果我們夠幸運，電池的能量密度可能會變成現在的三倍，但這樣仍比汽油或噴射客機燃料的能量密度低12倍。目前我們的最佳選項是用電燃料與先進生質燃料取代噴射燃料，但來看看隨之而來的高昂溢價：

零碳方案取代噴射客機燃料的綠色溢價

燃料類型	每加侖售價	零碳方案每加侖售價	綠色溢價
噴射客機燃料	2.22美元	5.35美元（先進生質燃料）	**141%**
噴射客機燃料	2.22美元	8.8美元（電燃料）	**296%**

載運貨物的船隻也是如此。承載能力最佳的傳統貨櫃船所能載的貨物量，是現今服役中的兩艘電動船200倍，航線距離更是電動船的400倍。對於需要穿越整個大洋的船隻來說，這些都是重大優勢。

有鑑於貨櫃船在全球經濟中的重要性，如果能夠改採替代燃料，對我們會有很大的好處，因為單單航運業，就占了所有碳排放量的3%。改用清潔燃料，會使我們的碳排大幅減少。可惜的是，要用液態燃料之外的燃料來發動貨櫃船，並不符合經濟效益。貨櫃船目前使用的燃料（稱為燃料油）極為便宜，因為是由煉油過程的渣滓製成。

由於目前所使用的燃料非常廉價，導致船舶的綠色溢價非常高：

零碳方案取代燃料油的綠色溢價

燃料類型	每加侖售價	零碳方案每加侖售價	綠色溢價
燃料油	1.29美元	5.5美元（先進生質燃料）	**326%**
燃料油	1.29美元	9.05美元（電燃料）	**601%**

3. 空速通常以節（knot）為單位，但大多數人（包括我）都不知道一節是多少。整體來説，節非常接近每小時英里數。

以下彙整本章提到的所有綠色溢價：

零碳方案取代現有燃料的綠色溢價

燃料類型	每加侖售價	零碳方案每加侖售價	綠色溢價
汽油	2.43美元	5美元（先進生質燃料）	**106%**
汽油	2.43美元	8.2美元（電燃料）	**237%**
柴油	2.71美元	5.5美元（先進生質燃料）	**103%**
柴油	2.71美元	9.05美元（電燃料）	**234%**
噴射客機燃料	2.22美元	5.35美元（先進生質燃料）	**141%**
噴射客機燃料	2.22美元	8.8美元（電燃料）	**296%**
燃料油	1.29美元	5.5美元（先進生質燃料）	**326%**
燃料油	1.29美元	9.05美元（電燃料）	**601%**

大多數民眾會願意接受這些價格上漲嗎？我們並不清楚。美國上一次提高聯邦汽油稅（無論幅度大小）是1993年，距今已過了25年，我認為美國人應該不太想多付油錢。

減少交通碳排的四個方法

目前有四項方法可以減少交通的碳排。第一是減少交通量，少開車、少坐飛機和少運輸。我們應該鼓勵更多替代模式，例如步行、騎腳踏車與共乘。值得慶幸的是，部分城市正推動智能城市計畫來達到這項目標。

另一項減少碳排的方法，就是減少汽車製程中使用的碳密集材料（儘管這並不影響本章所述燃料的碳排）。正如我在第五章中所提到，每輛汽車都是由鋼鐵和塑膠等材料製造，這些材料在製造過程中同樣也釋放溫室氣體。汽車需要愈少這類材料，碳足跡也就愈少。

第三項減少碳排的方法是提升燃料的使用效能。這點受到許多民意代表與新聞媒體的關注，至少就客車與卡車來說是如此。主要經濟體多半為這些車輛制定燃料油效能標準，也強迫汽車公司挹注資金來研發高效能引擎的先端工程技術。

但這些標準還不夠完善。舉例來說，國際航運與航空碳排的建議標準根本窒礙難行。哪個國家管得到大西洋中央一艘貨櫃船的碳排放呢？

況且，雖然生產與使用更節能的車輛是正確的方向，但並不會讓我們的碳排放歸零。汽油使用得再少，還是無法完全杜絕使用。

這就要提到第四項也是最有效的交通零碳排方法，即改用電動車與替代燃料。正如我在本章中所主張，這兩個選項目前多少都伴隨著綠色溢價。

因此，接下來，我們就來看看降低綠色溢價的幾個方法。

如何降低綠色溢價

就客車來說，綠色溢價正在不斷下降，最終將縮減為零。誠然，隨著高里程汽車與電動車取代現今的車輛，汽油稅的收入將降低，可能因而減少鋪設與保養道路的資金。各州可以在電動車車主換牌照時收取額外費用，以彌補損失。在我撰寫這一章時，共有19州採取這項做法。這也意味著，電動車價格要跟汽油車一樣便宜，還需要一、兩年的時間。

電動車也正遭遇另一個逆風，就是美國人對耗油大型卡車的喜愛。2021年，美國人購買了超過300萬輛汽車與1,200萬輛卡車和休旅車。除了3%的車輛外，其他都是汽油當燃料。

為了扭轉局面，我們需要創新的政府政策：制定相關法規，鼓勵民眾購買電動汽車；建立充電站網絡，提升持有電動車的實用性，從而加快轉型。假如全國各地致力推動，便有助於增加電動車供應量、降低成本。中國、印度和歐洲部分國家都宣布了未來數十年內將逐步淘汰化石燃料汽車（主要是小客車）的目標。加州政府也承諾，要在2029年前全面購買電動巴士，並在2035年前禁止汽油車的銷售。

接下來，為了讓這些電動汽車上路，我們將需要大量的清潔電力，這也是為何我在第四章中提到，開發再生資源、發電與電力儲存創新至關重要。

我們也應該思考核動力貨櫃船的可能。其中的風險確實存在（例如必須確保核燃料不會在船沉沒後釋放），但許多技術上的難題已經解決。畢竟，軍事潛艦與航空母艦現在都是仰賴核動力來運作。

最後，我們需要進行大規模的研究，探索一切可以製造先進生物燃料與廉價電燃料的方法。各個領域的企業與研究人員正在進行數種不同的實驗，例如運用電力、太陽能或自然生成氫氣當作副產物的微生物，以找出製造氫氣的新方法。我們探索得愈多，就愈能打造更多突破困境的機會。

這麼複雜的課題鮮少能用一句話就歸納出解決方案。但就交通來說，零碳的未來基本上就是用電力來驅動所有的車輛，其餘則使用低廉的替代燃料。

第一類先實現的會是客車和卡車、輕中型卡車與巴士，然後是長途卡車、火車、飛機與貨櫃船。至於成本，電動小客車不久就會與汽油車價格相當，這算是好消息，但壞消息是，替代燃料仍然十分昂貴。所以我們需要創新來降低這些價格。

本章介紹了我們如何把人與貨物載運到不同的地方。在下一章，我們會討論日常生活的場所，包括住家、辦公室和學校等，以及如何讓暖化的世界依然宜居。

第八章

我們如何調節溫度

——占年排放量520億噸的7%

我們需要在發電與儲電上有所突破，
才不致陷入住宅與辦公室愈來愈涼爽，
氣候卻愈來愈暖化的惡性循環。

我從未想過自己會發現瘧疾的優點。每年有40萬人死於瘧疾，其中大部分是兒童。蓋茲基金會也響應全球根除瘧疾的倡議。因此，當我不久前得知瘧疾其實有一項優點時，大吃一驚：瘧疾促使我們發明空調。

數千年來，人類一直想方設法要對抗炎熱的天氣。古波斯的建築都裝有風塔（badgirs），保持空氣流動、降低溫度。目前已知第一台冷空氣製造機，是由佛羅里達州一位醫生約翰·哥里（John Gorrie）在1840年代所創造，他認為低溫能幫助罹患瘧疾患者復原。

當時，一般人普遍認為瘧疾不是由我們如今認知的寄生蟲引起，而是晦氣造成（因此取名為「mal-aria」，直譯為「壞空氣」）。哥里發明了一台機器，可以讓空氣流經天花板懸掛的大冰塊，藉此冷卻病房的溫度。但是，這台機器很快就把冰塊用完了。由於冰塊必須特地從北方運來，價格不菲，哥里於是又設計了一台製冰機，並取得了製冰機的專利。為了行銷自己的發明，哥里甚至離開了醫界。遺憾的是，他的創業計畫最終並沒有成功。在經歷一連串的跌跌撞撞後，哥里於1855年離世，死時身無分文。

不過，這項主張仍然得到了印證。1902年，一位名叫威利斯·開利（Willis Carrier）的工程師引領了空調系統的重大進展。當時，他的老闆派他到一家印刷廠，要他設法防止剛印好的雜誌頁面起皺。開利發覺皺折是溼度太高引起的，便設計了一台機器，降低溼度的同時也降低室內溫度。那時他還不曉得，自己催生了整個空調產業。

第一台空調設備安裝於民宅距今才一百多年，現在90%的美國家庭都有空調了。如果你曾在巨蛋體育館欣賞過運動賽事或演唱會，可以好好感謝空調。假如沒有空調，實在難以想像佛羅里達州與亞利桑那州會成為退休人士的旅遊勝地。

空調不只是享受愜意夏日的奢侈品，當代經濟也有賴於此。僅舉一例：伺服器陣列內成千上萬台的電腦，促成了現今運算技術的進步（包括你用來儲存音樂和照片的雲端伺服器），卻也產生了大量的熱。如果電腦不保持涼爽，伺服器就會熔化。

如何不加劇全球暖化，又能保持涼爽

一般美國家庭中，空調消耗最大的電量，超過電燈、冰箱與電腦的耗電量總和。[1]我在第四章中計算過電力的碳排，此

1. 全世界用於空調的能源中，電力就占 99%，其餘 1% 大部分由以天然氣發動的冰水主機提供。單戶住宅也可以使用天然氣發動的空調系統，但市占率過小，美國能源資訊管理局（Energy Information Administration）甚至沒有蒐集這方面的資料。

處再度提及，是因為空調不論在現在或以後都是關鍵的碳排推手。此外，雖然空調設備最「耗電」，卻不是美國家庭與企業中最「耗能」的設備，耗能冠軍是暖爐與熱水器（歐洲等許多其他地區也是如此）。我將在下一節討論空氣與水的加熱。

並不是只有美國人愛吹冷氣也需要冷氣。全世界有16億台空調系統在運轉中，但分布並不平均。在美國這類富國，90%以上的家庭裝有空調，而在世界最熱的國家中，只有不到10%的家庭裝有空調（見右頁圖表）。

這意味著隨著人口的成長與富裕，以及熱浪愈來愈嚴重又頻繁，我們會安裝愈來愈多的空調設備。在2007至2017年，中國就多了3.5億台空調，成為全球空調市場的龍頭。就全球來看，僅僅2018年的銷量就成長了15%，其中大部分來自四個氣溫特別高的國家：巴西、印度、印尼和墨西哥。到2050年，全球將有超過50億台空調在運轉。

說來諷刺，我們為了在暖化氣候中生存而使用空調，卻可能會使氣候變遷更加嚴重。畢竟空調是靠電力運轉，所以隨著我們安裝的空調愈來愈多，就需要更多電力。事實上，國際能源署預估，到了2050年，全球降溫用電需求將成長為現在的三倍，相當於中國與印度現在的總用電量。

空調設備愈來愈多，這對飽受熱浪之苦的民眾來說是好事，但對氣候來說卻是壞事。在世界大部分地區，發電仍然屬

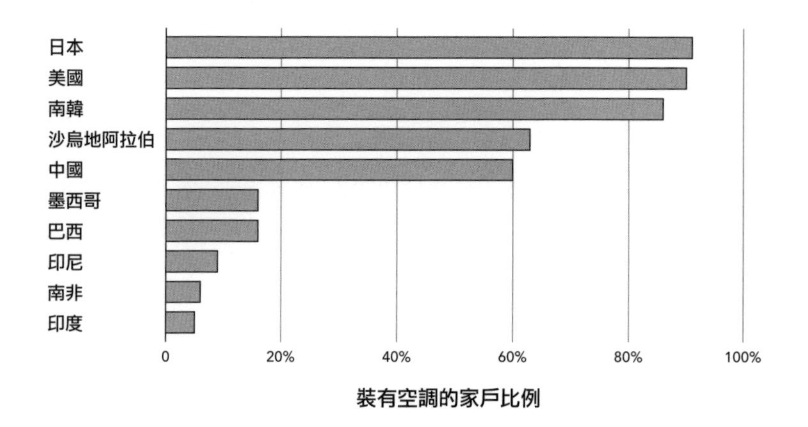

空調上路：在某些國家，大多數住宅都有空調，但在另一些國家，空調卻不普遍；未來數十年內，這張圖下半部的國家不論氣溫與收入都會愈來愈高，這意味著將有更多人購買並使用空調設備。（IEA）

於碳密集的過程，因此大樓所使用的空調、電燈、電腦等等一切電力，製造了將近14%的溫室氣體。

由於空調極度依賴電力，很容易計算出冷氣的綠色溢價。想要讓空調設備去碳化，就需要先把電網去碳化。這也是我們需要在發電與儲電上有所突破的另一項原因，而相關創新我在第四章已說明。否則，碳排放量只會不斷增加，於是陷入惡性循環：住宅與辦公室愈來愈涼爽，氣候卻愈來愈暖化。

幸好，我們不必苦等這些突破問世，現在就採取行動，減少空調所需電量，從而降低冷氣產生的碳排。此舉完全沒有技術上的障礙，多數人只是未購買市場上最節能的空調罷了。根據國際能源署的數據，目前市面上一般空調設備只發揮應有節能效果的一半，僅有最節能機型的三分之一。

主要原因是，消費者在挑選空調時，無法獲得完全透明的資訊。舉例來說，一台效能較低的空調可能比較便宜，但從長遠來看，因為消耗更多的電力，所以持有成本其實比較高。然而，如果空調設備沒有明確的標示，消費者選購時可能無從得知（美國政府要求貼出節能標籤，但並非各國都這麼做）。另外，許多國家沒有為空調的效能設定最低標準。國際能源署就發現，只要制定政策解決這類問題，全球就可以將空調設備的平均效能提高一倍，同時，將本世紀中的冷氣能源需求成長降低45%。

不幸的是，空調的耗電量並非問題的唯一根源。空調設備內含的冷媒，又稱為含氟氣體（F-gases），時間一久，空調老化和故障時，冷媒會一點一點地洩漏出來。如果你曾更換過汽車空調的冷卻液，肯定注意過這一點。含氟氣體是造成氣候變遷的強大因素。一個世紀以來，這些氣體造成的暖化程度，相當於等量二氧化碳的數千倍。如果你未曾聽聞，那是因為它們在溫室氣體的占比不高，只占美國碳排放量的3%。

然而，含氟氣體並沒有遭到漠視。2016年，197個國家的代表承諾，要在2045年前將含氟氣體的生產與使用，減少80%

以上。他們之所以能做出這樣的承諾，是因為各家公司都在開發新的降溫方式，改用危害較小的冷卻液替代含氟氣體。這些想法仍處於發展的初期，距離定價還為時過早，不過正是我們所需要的創新，也就是不加劇全球暖化又能保持涼爽。

供暖系統全面去碳化

本書的主軸是全球暖化，討論供暖可能有點奇怪。外頭天氣明明很熱了，為什麼還要調高溫度呢？首先，我們談論供暖時，不僅僅是在說把空氣變得更暖和，還包括了把水加熱，用來淋浴、洗碗或進行工業製程等等。更重要的是，每年還是會面臨冬天。即使全球整體氣溫上升，世界各地還是有冰天雪地的天氣。對於任何依靠再生能源的人來說，冬天尤其難熬。以德國為例，冬天可運用的太陽能可能會下降九倍之多，而且也會出現無風的日子。但你仍然要用電；沒有電，一般人就會被凍死在家裡。

暖爐和熱水器總共占全世界建築碳排的三分之一。與電燈和空調不同的是，這些設備大多仰賴化石燃料，而不是靠電力發動（至於是使用天然氣、燃料油還是丙烷，主要取決於居住的地方）。這意味著我們無法單純換了清潔的電網後，就自動實現熱水與空氣的去碳化。我們需要從石油和天然氣以外的來源中獲取熱能。

供暖零碳化的未來跟小客車很類似：一、盡量電氣化，擺脫對天然氣熱水器與暖爐的依賴；二、開發清潔燃料，提供其他動力。

好消息是，第一步其實可以讓綠色溢價達到負值。不同於價格高過汽油車的電動車，全電動的冷暖空調可以省錢，而且無論你是從頭大興土木或改建老屋皆然。在大多數地方，只要換掉運用電能的空調與燃燒天然氣（或燃料油）的暖爐，兩者都改安裝電熱泵，整體成本就會下降。

首次聽到熱泵的想法可能會覺得奇怪。雖然水泵或空氣泵很容易想像，究竟要如何用泵來抽送熱能？

熱泵利用氣體與液體在膨脹和收縮時的變溫特性，原理是讓冷卻液通過一條封閉的管道，運用壓縮機和特殊閥門改變沿途壓力，好讓冷卻液先在甲處吸熱，然後在乙處排熱。在冬天，你把熱能從室外移到室內（極冷的氣候除外）；夏天則反其道而行，把熱能從屋內抽到屋外。

這個過程並沒有想像中神祕。你的家中其實已有一個熱泵，現在很可能還在運轉，它就是冰箱。冰箱底部吹來的暖風，就是把食物的熱能帶走，以保持低溫。

熱泵能幫你省多少錢？每個城市的情況都不一樣，取決於冬天有多嚴寒、電費與天然氣成本的多寡等因素。以下是美國各城市新建物降低成本的數個例子，其中包括安裝熱泵和使用15年的費用：

美國主要城市安裝空氣源熱泵的綠色溢價

城市	天然氣暖爐與電空調費用	空氣源熱泵費用	綠色溢價
羅德島州普羅維登斯	12,667美元	9,912美元	**-22%**
伊利諾州芝加哥	12,583美元	10,527美元	**-16%**
德州休士頓	11,075美元	8,074美元	**-27%**
加州奧克蘭	10,660美元	8,240美元	**-23%**

如果你要替現有住宅加裝熱泵，就無法節省這麼多。但在大多數城市中，改用熱泵的成本還是比較低。舉例來說，你在休士頓換熱泵會節省17%的費用。在芝加哥，費用實際上會增加6%，因為當地天然氣異常便宜。而在部分老屋中，找到空間安裝新設備根本不切實際，所以你可能根本無法升級。

不過，這些綠色溢價負值還是帶來一個明顯的問題：如果熱泵這麼划算，為什麼只有11%的美國家庭安裝呢？

部分原因是我們每隔10年左右才會更換一次暖爐，而大多數人手頭並沒有足夠閒錢把原本好好的暖爐換成熱泵。

但也有另一項原因：政府政策不合時宜。自1970年代的能源危機以來，我們一直在努力減少能源的使用，各州政府制定了各式各樣的獎勵措施，鼓勵使用天然氣暖爐與熱水器，而不是效能較低的電爐。有些州政府修改了建築法規，導致屋主更難使用電器替代燃氣設備。這類重視效能而非碳排的政策大多仍是白紙黑字，壓縮了把燃氣暖爐換成電熱泵以降低碳排的空間，儘管此舉明明可以節省成本。

這類「死板的規定」實在令人倍感挫折。但從另一個角度來看，這其實算是好事，代表我們不需要額外的技術突破來減少這方面的碳排，只要讓電網去碳化就好。電力的選項原本就已廣泛存在，而且不僅僅在價格上具競爭力，而是確實便宜。我們只需要確保政府的政策與時俱進。

遺憾的是，雖然從技術上來說，的確可能藉由電力來實現供暖碳排歸零，卻難以快速達到目標。即使我們修改了前面所提那些自相矛盾的法規，也無法一夕之間就把所有燃氣暖爐與熱水器都換成電爐，這就好比我們突然要把全世界的小客車改為電動一樣，完全不切實際。有鑑於現今暖爐的使用年限，如果我們的目標是在本世紀中淘汰所有的燃氣暖爐，那就得在2035年前停止販售。如今美國市售的所有暖爐，約有一半是使用天然氣發動；至於在其他國家，化石燃料提供的供暖能源足足是電力的六倍。

對我來說，這也是為何我們需要先進生質燃料與電燃料（我在第七章已有舉例說明）的論點之一。這些燃料可以直接運用在我們現有的暖爐和熱水器中，而且不會釋放更多碳到大氣層。但這兩個選項現在都有令人咋舌的綠色溢價：

零碳方案取代現有供熱燃料的綠色溢價

燃料類型	目前售價	零碳方案售價	綠色溢價
燃料油（每加侖）	2.71美元	5.5美元（先進生質燃料）	**103%**
燃料油（每加侖）	2.71美元	9.05美元（電燃料）	**234%**
天然氣（每克卡）	1.01美元	2.45美元（先進生質燃料）	**142%**
天然氣（每克卡）	1.01美元	5.30美元（電燃料）	**425%**

注：每加侖的零售價是2015到2018年美國的平均值；零碳方案反映了當時的估價。

我們就來看看這些溢價對一般美國家庭的影響。假如室內暖氣使用燃料油，又想使用先進生質燃料，就得多支付1,300美元，而如果選擇電燃料將多支付3,200美元。假如室內暖氣使用天然氣，改用先進生物燃料會讓每年冬天增加840美元的開銷，而如果改用電燃料，每年冬天則會增加近2,600元。

正如我在第七章中所主張，我們顯然需要降低這些替代燃料的價格。此外，我們還可以採取其他措施來實現供暖系統的去碳化：

盡量電氣化。淘汰天然氣暖爐與熱水器，以電熱泵取而代之。在一些地區，政府必須調整政策，允許並鼓勵這類的升級。

實現電網去碳化。在合適地點配置清潔能源，並且投資於發電、儲電和輸電方面的研發突破。

提升能源使用效率。這說來似乎矛盾，因為前幾段我才在抱怨那些「重效能輕碳排」的政策。真相是：我們需要雙管齊下。

綠建築崛起，友善環境又省成本

當前世界各地出現一窩蜂的建設熱潮。為了因應不斷成長的城市人口，到了2060年，我們會多出2.5兆平方英尺的大樓。正如我在第二章中所說，這等於在40年內每個月都蓋出一座紐約市。可以肯定的是，其中許多大樓設計目的並不是為了節約能源，未來數十年都得承受能源效率低落。

幸好，我們知道如何蓋出環保的大樓，前提是我們願意支付綠色溢價。西雅圖的布利特中心（Bullitt Center）號稱是世界上數一數二環保的商用建築。布利特中心被設計成冬暖夏涼，

布利特中心是世界上數一數二環保的商用建築。

減少了對暖氣與空調的需求，並採用其他節能技術，譬如超節能的電梯。由於頂樓設置太陽能板，有時大樓產生的能源比消耗的能源還多出60%，只不過大樓本身仍然與西雅圖市內電網相連，需要在夜間和特別多雲的日子取電，而西雅圖最不缺的就是陰天。

雖然布利特中心許多技術目前都太過昂貴，無法廣泛應用（這也是為何它在啟用七年後仍是世界上最環保的建築之一），但我們仍能以低成本改善住宅與辦公室的節能效果，例如設計可以採用開發商所謂的超嚴密圍護結構（沒有太多空氣滲入或滲出）、良好的絕緣性能、三層玻璃窗與高效門。

我也很欣賞運用所謂智能玻璃的窗戶，即房間需要降溫時玻璃會自動變暗，需要升溫時則會自動變亮。全新的建築法規便有助推廣這些節能理念，從而擴大市場並降低成本。我們可以提升許多建築的節能效果，即使無法像布利特中心那般出色也無妨。

我們如今探討了溫室氣體排放的五大來源，即運用電力、製造產品、種植作物、移動運輸與追求冷暖的方式。我希望藉此釐清以下三件事：

1. 這個問題極其複雜，幾乎攸關每項人類活動。
2. 我們手上有一些新技術可供選擇，應該善加利用來減少碳排。
3. 我們現有的技術並不足夠，各產業的綠色溢價還需要再降低。這意味著，我們未來要創造很多的新發明。

在第十章到第十二章，我會提出具體的執行步驟。我相信，這些步驟是我們研發並部署所需技術的最佳機會。但首先，我想面對一項問題，這令我輾轉難眠。目前為止，本書都在討論如何降低碳排放量，避免全球溫度上升過高，而對於眼下的氣候變遷，我們又能做些什麼？確切來說，我們要如何幫助世界上的窮困人口，這群人明明不是問題的最大根源，卻深受其害。

第九章

適應暖化的世界

氣候變遷的結果攸關低收入農民的生死，
身為最大元凶的我們，理應幫助世界上其他人生存下去。

我一直主張，我們需要實現零排放，也需要大量的創新來達標。但創新不是一朝一夕就會出現，我所介紹的種種環保產品要達到足以發揮影響的規模，還得花上數十年。

同時，世界各地不同收入水準的民眾，多少都正受到氣候變遷的影響，幾乎所有人都不得不適應暖化的世界。隨著海平面與洪泛平原的變化，我們需要重新考慮置產與創業的地點；強化電網、海港與橋梁；種植更多紅樹林（如果你沒聽過紅樹林，繼續讀下去就對了），同時改善風暴預警系統。

我將在本章後半再談這些計畫。現在我要告訴你的是，每當思考氣候災難時，我先想到的是那群蒙受最大傷害的人，他們理應得到最多幫助來適應變遷。他們是我在推動全球衛生與發展工作時，所遇到的低收入族群。無論電網、海港或橋梁等工程面向，都不是他們需要關心的事。對他們來說，氣候變遷可能會帶來最嚴重的後果。而他們的故事也反映了同時想消弭貧困與氣候變遷有多複雜。

舉例來說，我在肯亞訪視擁有不到四英畝土地的農民（發展圈稱之為小農）日常生活時，認識了塔拉姆（Talam）夫婦一家人，丈夫叫做拉班（Laban）、太太是米瑞姆（Miriam），還有他們的三個孩子。我參觀了他們的農場，就在一條泥巴路旁，距離肯亞高速成長的城市艾多雷特（Eldoret）不過幾里路。塔拉姆夫婦沒什麼財產，只有幾間鋪著茅草屋頂的圓形泥

2009 年，我前往肯亞卡比耶（Kabiyet），參觀米瑞姆和拉班經營的農場。他們成功的故事不可思議，但氣候變遷恐會害他們的成果付諸東流。

屋和飼養牲畜的圍欄，整座農場占地約兩英畝，比一座棒球場還小。然而發生在這一小塊土地上的成功故事，卻吸引了附近數百名農民前來，只為了仿效這家人自食其力的祕訣。

拉班和米瑞姆在自家大門口迎接我，開始向我講述他們的故事。在我來訪的兩年前，他們還是自給自足的小農，跟大多數鄰居一樣，過著赤貧的生活。他們種植玉米〔肯亞及世界上許多地方，都把玉米稱作「玉蜀黍」(maize)〕等蔬菜，有些留著自己吃，其餘拿到市場出售。拉班以前會打些零工來維持生計。為了賺取更多收入，他買了一頭乳牛，夫妻倆每天擠兩次奶，早上擠的牛奶賣給當地商人，以賺取少量現金；晚上擠的牛奶留給自己與三個孩子。這頭乳牛每天總共產出3公升的牛奶，等於每天不到一加侖，其中一半賣掉，另一半留給這五口之家。

我們第一次見面時，塔拉姆夫婦的生活已有很大的改善。他們現在有四頭乳牛，每天產乳26公升。他們每天賣掉20公升，自己留下6公升，這樣每天可以賺取將近4美元的收入。在肯亞，這筆錢足以讓他們重建家園、種植鳳梨出口與送孩子上學。

他們說，生活的轉捩點是附近開了一家牛奶冷凍廠。塔拉姆夫婦和其他農民會把生乳送到工廠冷藏，再運往全國各地，以換得比當地更高的價錢。

工廠也像是培訓中心，當地酪農可以在這裡學習如何把乳牛養得更健康、提升產乳量，替乳牛施打疫苗，甚至對牛奶進行汙染物檢測，以確保牛奶品質。假如品質不盡理想，他們也會獲得如何改善品質的建議。

成長的兩難

在塔拉姆夫婦居住的肯亞，約有三分之一的人口務農。全世界共有5億座小農經營的農場，大約三分之二的貧困人口也都務農。儘管農民人數眾多，小農造成的溫室氣體排放量卻非常少，因為他們負擔不起大部分使用化石燃料的產品與服務。一般肯亞人產生的二氧化碳比美國人少了55倍，而像塔拉姆這樣的鄉下農民製造的二氧化碳又更少了。

如果你還記得我在第六章中提到的牛隻問題，馬上就會明白這個困境。塔拉姆夫婦買了更多頭牛，而牛隻對氣候變遷的影響便超越其他牲畜。

就這方面來看，塔拉姆夫婦並不是特例。對於許多貧困農民來說，賺更多錢才有機會投資高價值資產，包括雞隻、山羊與乳牛。這些動物提供優良的蛋白質來源，而出售牛奶和雞蛋更能帶來額外收入。這是很合理的決定，凡是致力減少貧窮的人都難以開口要他們不賺這個錢。這就是難題所在：隨著民眾收入提高，他們從事更多會造成碳排的活動。因此我們才需要創新，好讓窮人改善生活，避免加劇氣候變遷惡化。

殘酷又不公平的是，儘管世界上的窮人基本上未助長氣候變遷，卻要蒙受氣候變遷帶來的最大衝擊。現階段氣候產生的變化，對於美國與歐洲等地相對富裕的農民來說會造成問題，但對非洲和亞洲的低收入農民來說可能攸關生死。

隨著氣候暖化，旱象與洪澇會更常出現，導致作物收成銳減，牲畜吃得較少，產生的肉與奶也減少。空氣與土壤會失去水分，使得植物吸收的水分減少；在南亞與撒哈拉沙漠以南的非洲，數千萬畝農田將更加乾燥。食用作物的害蟲肆虐範圍愈來愈擴大，只為了尋得更適合生存的環境。生長季節也將縮短；氣溫升高攝氏4度時，撒哈拉以南、非洲大部分地區的生長季節可能縮短20%以上。

原本的生活就岌岌可危時，遇到上述任何一項變化都可能導致災難。假如你沒有任何存款，種植的作物又全部枯萎，就無法購買更多種子，最後走投無路。更可怕的是，這些問題只會讓糧食變得更加昂貴。全球有數億人把超過一半的收入購買糧食，而氣候變遷更會讓糧食價格飛漲，這對原本就左支右絀的民眾來說，更是雪上加霜。

隨著糧食的供應減少，本已嚴重的貧富不均會更加惡化。如今，非洲國家查德的小孩，在五歲前死亡的機率是芬蘭小孩的50倍。隨著糧食日益匱乏，更多小孩無法獲得所需營養，導致身體免疫力下降，大幅提升死於腹瀉、瘧疾或肺炎的機率。一項研究發現，到了本世紀末，每年因高溫而死亡的人數可能會接近1,000萬（大約相當於如今所有傳染病的死亡人數），其中大部分都發生在貧窮國家。即便逃過一死的小孩也可能發育不良。

到頭來，氣候變遷對窮國最糟的影響將是使當地人健康惡化，營養不良率與死亡率雙雙上升。因此，我們需要幫助赤貧人口改善健康狀況。我認為，有兩項方法可以做到。

第一，我們需要提高營養不良兒童的存活率。這代表要改善初級醫療體系，加倍努力來預防瘧疾，並持續提供腹瀉與肺炎等疾病的疫苗。世界各國都明白這些措施的最佳實行方式；自2000年以來，名為「全球疫苗免疫聯盟」（GAVI）的疫苗施打計畫已成功預防1,300萬人死亡，被公認是人類一項卓越的成就（蓋茲基金會對這項全球計畫的貢獻是我們引以為榮的成就）。我們不能讓氣候變遷開啟進步的倒車，反而需要加速腳步，開發其他疾病的疫苗，包括愛滋病、瘧疾與結核病，提供給每個需要的人。

第二，除了拯救營養不良兒童的生命，我們還需要減少營養不良的兒童人數。隨著人口成長，世界上大多數窮人居住的地區對糧食的需求可能是兩、三倍。因此，我們需要幫助貧困農民種植更多糧食作物，不畏乾旱和洪澇來襲。我會在下一節中針對這點詳加說明。

我經常與富國負責審查對外援助預算的人士來往。就連部分極具善意的人也對我說：「我們以前是資助疫苗的，但是現在援助預算要考量對氣候的影響。」這番話的意思是打算幫助非洲降低溫室氣體排放量。

我告訴他們：「拜託不要把對疫苗的資助拿去投入到電動車上。非洲只占全球碳排總量的2%。你們真正應該砸錢的是協助民眾適應暖化。我們幫助窮人適應氣候變遷的最佳辦法，就是確保他們都能健健康康，即使危機當前依然能茁壯成長。」

小農迫切需要幫助，以適應氣候變遷

你可能從來沒聽說過國際農業研究諮商組織（CGIAR）。[1] 我以前也沒聽說過，一直到十多年前，我開始研究窮國農民面臨的問題。就我所知，沒有任何組織比CGIAR付出更多心力來確保家家戶戶（特別是赤貧家庭）有營養的食物可吃，也沒有任何組織更有能力推動創新，以幫助貧困農民在未來適應氣候變化。

CGIAR是世界上最大的農業研究組織，協助打造了更優異的植物與動物基因。第六章提到過的農藝學家布勞格就是在CGIAR的墨西哥實驗室內研發出全新小麥品種，推動了綠色革命。受到布勞格鼓舞，其他研究人員同樣開發出了類似的抗病高產量水稻；隨後數年內，該組織在牲畜、馬鈴薯與玉米的研發工作上，有助減少貧困與改善營養。

CGIAR的名氣太小實在可惜，但這並不奇怪。首先，這個縮寫經常被人誤認為「CIGAR」（雪茄），似乎與菸草業脫不了關係（其實沒有關係）。而且更複雜的是，CGIAR並非單一組織，而是由15個獨立研究中心組成，其中大多數都是以縮寫當名稱，令人看得一頭霧水，包括CIFOR（國際林業研究中心）、ICARDA（國際乾旱地區農業研究中心）、CIAT（國際熱帶農業研究中心）、ICRISAT（國際半乾旱熱帶作物研究中心）、IFPRI（國際食物政策研究所）、IITA（國際熱帶農業研究所）、ILRI（國際畜牧研究所）、CIMMYT（國際玉米及小麥研究所）、CIP（國際馬鈴薯中心）、IRRI（國際稻米研究所）、IWMI（國際水管理研究所），以及ICRAF（世界農林業組織）。

儘管CGIAR對於字母縮寫情有獨鍾，其實貢獻卓著，替世界上貧困農民打造出適應氣候的全新作物與牲畜。我最欣賞的例子就是耐旱玉米研發工作。

雖然撒哈拉以南非洲地區的玉米產量低於世界上其他地方，但該地仍有超過2億個家庭依賴玉米維生。隨著天氣更加不穩定，農民面臨玉米收成減少的風險又更加大，有時甚至沒有收成。

---

1. CGIAR 全名是 Consultative Group for International Agricultural Research，由此你便能了解為何大家開始改用縮寫。

因此，CGIAR多位專家開發了數十種可以抗旱的玉米新品種，每個品種分別適合在非洲特定地區生長。起初，許多小農害怕嘗試新品種。這樣的恐懼可以理解：如果你僅能勉強餬口，對於冒險嘗試新種子當然興趣缺缺；假如作物死光，就等於喪失了生計。後來專家與當地農民和種子經銷商合作，說明這些新品種的優點，才有愈來愈多的人採用。

結果，許多家庭的生活大幅改善。以辛巴威為例，凡是在乾旱地區栽種耐旱玉米的農民，每公頃的收成比種植傳統品種的農民多600公斤（等於每英畝多500磅，生產的玉米足夠餵飽六口之家九個月）。對於選擇出售玉米的農家來說，這些額外收入足以送孩子上學，還能滿足其他家庭需求。CGIAR的專家們持續開發出其他玉米品種，確保要能在貧瘠土壤中生長良好，可以抵抗疾病、蟲害或雜草，並且產量可提高30%，還有助於對抗營養不良。

不僅僅是玉米，在CGIAR的努力下，新型耐旱水稻也在印度迅速普及，因為氣候變遷導致當地雨季出現旱象的情況增加。他們還開發了俗稱「潛稻」（scuba rice）的水稻品種，可以在水下生存兩星期。一般來說，水稻遇到洪澇會伸展葉子以逃脫水面；假如在水下時間太長，水稻會消耗一切能量設法脫水，但能量終究會耗盡而死亡。潛稻就沒有這個問題，因為內建了稱作「SUB1」的基因，能在洪澇期間發揮作用，讓潛稻

這是一塊種植潛稻的田地，能抵抗兩星期的洪澇。隨著洪澇發生得愈來愈頻繁，這項優勢會更重要。

進入休眠，葉子停止伸展，直到大水退去。

CGIAR不僅研究新種子，旗下科學家還打造了一個智慧型手機應用程式，讓農民利用手機的照相功能來識別侵襲木薯的特定病蟲害。木薯是非洲的重要經濟作物。此外，CGIAR還發起使用無人機、地面感應器的計畫，協助農民確定作物需要的水量與肥料。

貧窮的農民需要更多進步的技術協助，為了實現這點，CGIAR與其他農業研究人員就需要更多資金挹注。然而長期以來，農業研究資金不足。我與聯合國前祕書長潘基文、世界銀行前執行長克里斯塔莉娜．喬治艾娃（Kristalina Georgieva）共同主導的全球氣候調適委員會（Global Commission on Adaptation）提出的建議之一，就是讓挹注CGIAR的資金加倍，以期觸及更多農民。[2]我深信這筆支出非常值得：在CGIAR研究上投資的每一美元，都會產生大約6美元的報酬。巴菲特願意不惜一切代價換取這六比一的投資報酬率，以拯救生命。

除了幫助小農提升產量，我們委員會還提出其他三項農業相關建議：

幫助農民因應異常天氣型態的風險。舉例來說，政府可以幫助農民培育更多種農作物與牲畜，就不會因為一次失敗而全軍覆沒。政府也應該考慮強化社會安全制度，推出天氣農業保險，彌補農民的損失。

關注最為弱勢的族群。婦女不是唯一的弱勢族群，卻是最大的弱勢族群。基於文化、政治、經濟等種種原因，女性農民的處境甚至比男性更加艱難。她們可能無法獲得土地所有權、取得水源的機會不平等，或無法獲得購買肥料的資金，甚至無法得知天氣預報。因此我們需要採取行動，譬如促進婦女的財產權、專門為她們提供技術諮詢。這樣的成果不容小覷：根據聯合國機構進行的一項研究發現，假如女性與男性獲得相同的資源，便能多種植20%到30%的糧食作物，把飢餓人口減少12%到17%。

決策納入氣候變遷因素。鮮少有資金投入於協助農民適應氣候的相關工作；在2014至2016年期間，各國政府花在農業的5,000億美元中，只有極少部分用於減輕氣候變遷對窮人衝擊的計畫。各國政府應該研擬政策與誘因，幫助農民減少碳排，同時又生產更多糧食。

綜上所述，富人與中產階級是造成氣候變遷的主要推手，而赤貧人口帶來的問題比其他人少，卻要蒙受最殘酷的苦果。他們理應獲得世界各國的援助，但現有的援助遠遠不足以彌補他們所需。

---

2. 這個委員會共有 34 名代表，成員來自政府、企業、非營利組織與科學界領袖，還有 19 個成員國，代表全球各個地區，背後有各地的研究夥伴與顧問支撐，並由全球氣候調適委員會與世界資源研究所共同管理。

貧窮農民的困境，以及氣候變遷對他們的衝擊，正是過去20年間，我藉由研究全球貧窮問題所深刻了解的議題，而這也是我的興趣所在，因為可以盡情鑽研植物育種背後迷人的科學觀念。

適應暖化氣候三階段

不過直到最近，我才對氣候調適難題的其他面向有了更多思考，譬如城市應該有何準備，或生態系統將受到的影響。透過前面提及的全球氣候調適委員會，有機會更深入地探討此事。以下是我從該委員會的工作中獲得的部分見解，這些都是數十位科學、公共政策、工業等領域專家所提供，讓你大略理解適應暖化氣候所需的前提。

廣義上來說，氣候調適可以分為三個階段。第一個階段是減少氣候變遷帶來的風險，這可以藉由實行某些措施達成，譬如針對建築物與其他基礎設施進行氣候災難防護、保護溼地以做為抵禦洪澇的屏障，以及必要時勸導民眾永久搬離不再適合居住的地區。

第二階段是針對緊急情況加以準備與因應。我們需要不斷改進天氣預報與風暴預警系統。災害真的發生時，則需要裝備精良、訓練有素的緊急救難人員，並且建立臨時疏散的制度。

第三階段便是災害過後的復原期。我們需要替流離失所的民眾預先安排醫療與教育等服務，提供保險來幫助不同收入水準的民眾重建家園，並且確立相關標準，確保新建築更能對抗氣候災難。

以下是有關氣候調適的四大主軸：

城市需要改變成長的方式。城市居住著超過地球半數的人口（這個比例在未來數年內還會上升），經濟產值在全球經濟的占比超過四分之三。隨著城市不斷擴張，許多快速發展的城市最終只能建設在洪泛平原、森林與溼地上，但我們得靠這些地方在暴風雨時協助排水、乾旱時幫忙儲水。

所有城市都會受到氣候變遷的影響，但沿海城市的問題最為嚴重。隨著海平面上升與暴潮的惡化，數億人可能被迫離開家園。到本世紀中，氣候變遷對沿海城市造成的損失每年可能超過1兆美元，這不僅會加劇多數城市正在努力克服的貧困、遊民、醫療與教育的問題，還可能導致更嚴重的後果。

城市的氣候災難防護應該是什麼樣子呢？首先，城市規劃者需要最新氣候風險資料，以及預測氣候變遷影響的電腦模型趨勢（如今許多開發中國家的市長，甚至沒有市區內最容易發生洪澇區域的基本分布圖）。一旦掌握了最新資料，市長們就能清楚決定如何未雨綢繆：評估是否要建造或加長海堤，避免遭受愈發猛烈的風暴傷害；強化排水系統、提升碼頭高度以超越漲潮水位。

說得具體一點：假如你要在當地河流上搭建一座橋梁，應該要蓋3.7公尺高，還是5.5公尺？短期來看，蓋得較高，成本也高，但如果你知道10年內發生大型洪澇的機率，這就可能是明智的選擇。畢竟寧可多花點錢一次蓋好，也不要因短視近利日後得蓋第二次。

而這不僅是改造城市既有的基礎設施，氣候變遷也會迫使我們考慮全新的需求。舉例來說，如果城市炎熱日子很長，眾多市民買不起空調，就需要建立避暑中心，讓市民可以前往躲避酷熱。遺憾的是，空調愈多，意味著我們會排放更多溫室氣體，這也說明為何我在第八章提的空調技術進步如此重要。

我們應該加強自然防禦機制。森林可以儲存和調節水量；溼地可以防止洪澇，供水給農民和城市；珊瑚礁則是魚類家園。然而，凡此種種抵抗氣候變遷的自然防禦機制，正在迅速消失。僅僅在2018年，就有近900萬英畝的原始森林遭毀。而氣溫未來很可能會上升攝氏2度，屆時世界上大部分珊瑚礁都會面臨死亡的命運。

另一方面，復原生態系統能帶來巨大的回報。世界上最大城市的自來水公司若能復育森林與重建集水區，每年可節省8.9億美元。許多國家已經率先採取行動。尼日就有當地農民發起造林工作，從而提升了作物產量、增加樹木覆蓋率，並將

種植紅樹林是一項很棒的投資，每年有助避免大約 800 億美元的洪澇損失。

婦女撿柴時間從每天三小時減少到30分鐘。中國已將大約四分之一的陸地面積認定為重要自然資產，將優先加強保育生態系統。墨西哥正設法保護境內三分之一的河流流域，以保存4,500萬人口的水源。

如果我們能夠以這些例子為基礎再接再厲，向社會大眾宣導生態系統的重要性，並協助更多國家群起響應，就會獲益於自然防禦機制，進而抵抗氣候變遷。

另外還有一項容易取得的成果：紅樹林。紅樹林是沿海岸線生長的矮樹，已適應了鹽水的環境，能減少暴潮、防止沿海洪澇，保護魚類棲地，每年有助全世界避免大約800億美元的洪澇損失，在其他方面還能節省數十億美元。種植紅樹林比建造防波堤要便宜許多，樹木還能改善水質，可說是一項很棒的投資。

我們需要的飲用水會供不應求。隨著湖泊與含水層的萎縮或遭汙染，提供飲用水給需要的人愈來愈難。全球多數大型城市已面臨嚴重的缺水問題，如果情況沒有任何改變，到了本世紀中，每月至少有一次無法獲得足夠飲用水的人口，將增加超過三分之一，總計超過50億人。

科技帶來了部分希望。我們已經知道如何過濾掉海水的鹽分、製成飲用水，但這個過程需要大量能源，而把海水運到淡化設施、再配送到需要的人口，同樣需要大量能源（這意味著，飲用水的問題像許多事一樣，到頭來其實是能源問題：只要有足夠廉價又乾淨的能源，我們就能生產足夠飲用水來符合需求）。

我正在密切關注的絕妙技術是從空氣中取水。這基本上是太陽能發動的除溼機，具有先進的過濾系統，所以你不會喝進空氣汙染。這項取水系統現在已買得到，只是價格動輒數千美元，對於世界上的窮人來說簡直貴翻天，但偏偏他們最受缺水之苦。

在這樣的技術變得平價之前，我們需要採取實際的措施，即能降低水需求的誘因，以及提高供水的措施，包括從廢水回收與適時灌溉等節水方案，這樣就可以在提高收成的同時大幅減少用水量。

最後，要資助氣候調適的計畫，我們就得籌措全新財源。我的意思不是針對開發中國家的外援，雖然這也會需要，我指的是公共資金如何吸引民間投資贊助相關計畫。

這就是我們需要克服的問題：人類先承擔了氣候調適的成本，但經濟效益可能在多年後才會出現。舉例來說，你現在可以針對自己的企業進行防洪準備，但可能10年或20年內都不會有洪水肆虐。你的防洪工程不會帶來獲利的現金流；客戶也不會因為發生洪澇時汙水不會倒灌到地下室，而願意支付額外費用購買產品。因此，銀行承貸的意願不高，或者會收取較高的利息。無論情況為何，你都必須自行吸收部分成本，因此可能乾脆決定先不管防洪。

把這個單一情況擴大到整座城市、州或國家，你就會明白為何大眾必須參與氣候調適計畫的資助，以及私部門的遊說。我們需要讓氣候調適成為值得的投資。

首先，要找到方法，讓公共與私人金融市場考量氣候變遷的風險，並對這些風險進行相應的定價。有些政府與企業已對旗下計畫進行了氣候風險篩選，但所有的政府與企業都應該效法。政府也應該把更多資源投入氣候調適的行動中，設定未來的投資目標，採取適當政策，以幫助民間投資人消除部分風險。隨著氣候調適計畫的報酬愈來愈明顯，民間投資應該就會逐漸增加。

你可能會好奇上述事項的總成本。全世界為了適應氣候變遷所採取的措施，實在沒辦法貼上單一價格。但我所參與的委員會，針對五個關鍵領域（建立早期預警系統、建設抵抗氣候災難的基礎設施、提高作物產量、管理水資源與保護紅樹林）的支出進行了估價，發現只要在2020到2030年間投資1.8兆美元，便可望帶來超過7兆美元的收益。從這個角度來看，分攤到10年內，相當於全球GDP的0.2%，投資報酬率將近四倍。

你可以用防範災禍發生的角度來衡量這些效益：不會有國家爭奪水權而爆發內戰；不會有深受乾旱或洪澇之害的農民；不會有遭颶風摧毀的城市；不會有氣候難民逃亡潮。或者，你也可以從促成好事的角度來衡量效益：兒童在成長過程中會獲得充足營養；家家戶戶會脫貧並躋身全球中產階級；企業、城市和國家即使面對氣候暖化也能蓬勃發展。

無論你採取何種思考方式，就經濟或道德的觀點來看，理由清楚明白。從1990年至2015年，在這25年間，赤貧人口大幅下降，從占世界人口的36%，降到10%（然而新冠病毒疫情大流行，導致原本的進展又大幅後退）。氣候變遷可能會抹殺掉更多成果，導致赤貧人口增加13%。

身為最大元凶的我們，理應幫助世界上其他人生存下去。我們虧欠他們太多了。

做最好的準備、最壞的打算

氣候調適還有一個面向值得更多關注，那就是我們需要做最壞的打算。

氣候科學家已確定了可能加速氣候變遷的許多臨界點。舉例來說，如果海床上含有大量甲烷的冰狀結晶體變得不穩定並破裂，短時間內災難恐怕就會在世界各地發生，導致我們對抗氣候變遷時疲於招架。氣溫愈高，就愈可能達到臨界點。

我們看似正朝臨界點邁進，而接下來要說明一套大膽（有人認為幾近瘋狂）的方法，這些都是所謂「地球工程」（geoengineering）的範疇。雖然這些方法尚未得到證實，也引發道德爭議，但我們應該趁仍有餘裕時加以研究與辯論。

地球工程屬於「緊急情況」下的尖端技術，基本概念是暫時改變地球的海洋或大氣層，以降低地球溫度。這些改變並不是為了豁免我們減少碳排的責任，只是幫我們爭取時間，以便藉此好好振作。

多年來，我一直都在資助地球工程的研究（與我支持的減緩與調適措施相比，這筆資金根本微不足道）。大多數地球工程技術都是基於一個想法：為了彌補我們釋放到大氣層中溫室氣體所造成的暖化，我們得把照射到地球的陽光總量減少1%左右。[3]

我們有許多方法可以達成目標。其中之一是在大氣層上層分布極細顆粒，每個顆粒的直徑只有數百萬分之一公分。科學家知道這些顆粒會反射陽光，導致地球降溫，因為他們已見證過類似的情況：大型火山爆發時，都會噴出類似的粒子，使得全球溫度明顯下降。

另一項地球工程是增亮雲層。由於陽光會被雲層頂部反射，我們可以使雲層更亮。方法是運用鹽霧讓雲層反射更多陽光，從而讓地球降溫。而且也不需要大幅增亮：想減少1%的陽光，只要將覆蓋地球面積10%的雲層增亮10%就可以了。

還有其他類型的地球工程，但都有三個共同點：第一，相較於問題的規模，這些方法的成本相對較低，所需前期資金成本低於100億美元，而且執行費用極低。第二，雲層增亮的效果可持續一星期左右，所以我們可以依需求加以使用或停止，不會產生長期影響。第三，無論這些方法可能面臨何種技術問題，相較於必定會遭遇的政治障礙都不算什麼。

有些批評人士抨擊，地球工程是把地球當成大型實驗品。不過正如支持者所指出，我們排放大量的溫室氣體，早就在對地球進行大規模的實驗了。

持平來說，我們需要更了解地球工程的潛在衝擊。這確實是合理的擔憂，值得多方研究，之後再考慮於現實世界大規模地測試。此外，由於大氣層屬於全球的問題，任何國家都不能自行決定嘗試地球工程。 我們需要建立各國的共識。

如今，很難想像如何要世界各國同意以人工方式決定地球溫度，但地球工程是唯一已知的方法，我們希望可以在數年、甚至數十年內降低地球溫度，卻又不至於癱瘓整體經濟。未來有一天，我們也許別無選擇，因此最好現在就做好準備。

---

3. 假如你很好奇計算過程，請參考以下算法：太陽光被地球吸收的速度大約為每平方公尺 240 瓦。如今，大氣層中的碳量足以用每平方公尺 2 瓦的速度吸收熱量。所以，我們需要把陽光亮度降低 2/240，即 0.83%。然而，由於雲層會適應太陽能地球工程，因此我們實際上需要再把亮度降低一些，大約 1%。假如大氣層中的碳量增加一倍，便會以每平方公尺 4 瓦的速度吸收熱量，我們就得把亮度調降 2% 左右。

第十章

為什麼政策很重要？

創新不僅是在開發新裝置，也攸關研發新政策，
幫助我們盡快在市場上示範和推廣這些發明。

1943年，第二次世界大戰打得如火如荼，濃濃的煙霧籠罩著洛杉磯，彌漫在空氣中的氣味難聞到令居民眼睛刺痛、狂流鼻涕。司機看不清楚三個街區以外的車流，因此有人擔心是日軍動用化學武器攻擊了洛杉磯。

但洛杉磯並沒有遭到攻擊，至少不算是被外國軍隊攻擊。真正的罪魁禍首是霧霾，也就是由空氣汙染與特定天候結合而成的現象。

10年後，1952年12月，接連五天內，倫敦市區也被霧霾癱瘓。巴士與救護車停止服務，能見度極低，即使密閉大樓內也無法倖免，連電影院都全數關閉。路上打劫猖獗，因為警察的視線只有四周數公尺（如果你跟我一樣，也是Netflix影集《王冠》的劇迷，一定會記得某集扣人心弦的劇情，就是以這個可怕的史實為背景）。這段歷史現在稱作「倫敦大霧霾」，當時至少造成4,000人死亡。

正因為發生這類事件，1950到1960年代，空氣汙染受到美國與歐洲社會的關注，政府高層迅速做出回應。英國國會在1955年開始資助針對這個問題與相關補救措施的研究。隔年，英國政府頒布了空氣清潔法案，在全國各地設立煙霧控制區，僅限使用較清潔燃料的車輛通行。7年後，美國的空氣清潔法案確立了當代控制空氣汙染的法規制度，至今仍是最為全面且影響深遠的法條，管控可能危及大眾健康的空氣汙染。1970

1952 年倫敦大霧霾期間，這名警察得用火炬來指揮交通。

年，尼克森總統成立了環境保護署（Environmental Protection Agency）來協助執行該法。

美國空氣清潔法案發揮了作用，清除了空氣中的有毒氣體。自1990年以來，美國排放的二氧化氮濃度下降了56%、一氧化碳下降了77%、二氧化硫下降了88%，鉛的排放量則幾乎消失。雖然我們還得再接再厲，但即使經濟與人口持續成長，我們依然達成了目標。

但你不必翻查歷史，就找得到傑出政策協助解決空汙等問題的例子。例如，從2014年開始，中國推出多項計畫，因應市中心日益惡化的霧霾和濃度飆升的危險空氣汙染物。中國政府制定了減少空氣汙染的新目標，禁止在空汙嚴重的城市附近再蓋燃煤電廠，並限制在大城市駕駛汽油車。數年內，北京公布部分類型的汙染下降了35%，而擁有1,100萬人口的保定，汙染則下降了38%。

雖然空氣汙染仍然是疾病與死亡的主要原因，每年恐奪走超過700萬條人命，但我們所實施的政策確實已避免這個數字持續升高[1]（這些政策也有助減少些許的溫室氣體，儘管這不是原本的目的）。如今，這些事實足以顯示政府政策在避免氣候災難的關鍵地位。

我得承認，「政策」是模糊又聽來枯燥的詞彙。新型電池之類的創新突破本身，比協助發明家的政策更吸引人。然而，如果沒有政府將稅金花在研究上，沒有政策著重於把研究從實驗室推向市場，沒有法規創造市場、幫助發明普及開來，創新甚至不會問世。

本書一直強調，我們需要發明來實現零排放，諸如全新儲電與煉鋼的技術等等。但創新不僅是在開發新裝置而已，同時也攸關研發新政策，這樣我們才能盡快在市場上示範和推廣這些發明。

幸好，在擬定這些政策的過程中，我們並非從零開始。在能源的監管上，我們有豐富的經驗。除了更清潔的空氣之外，聰明的能源政策還帶來了以下優點：

電氣化：1910年，只有12%的美國家庭有電可用。到了1950年，這個比例已超過90%，這要歸功於美國聯邦政府出資興建水壩、設立相關機構管控能源，以及實施大規模的政府方案將電力導入鄉村。

能源安全：為了因應1970年代的石油危機，美國著手提升國內各項能源的生產。聯邦政府在1974年展開首項重大研究與開發計畫，隔年通過了節能相關的重大立法，包括汽車燃料效率標準。兩年後，美國能源部成立。來到1980年代，油價崩盤，我們放棄了許多計畫，直到2000年油價再度上漲，促成新一波的投資與法規。正因為政府投入各種心力，美國的能源出口量在2019年超越進口量，是70年來首見。

經濟復甦：2008年金融海嘯造成經濟大衰退後，各國政府藉由資助再生能源、節能、電力基礎設施與鐵路，創造就業機會與刺激投資。2008年，中國推出了5,840億美元的經濟振興方案，其中絕大部分用於環保計畫。2009年，美國經濟復甦與

1. 2020年席捲美國西部的野火是另一個相關的問題；野火產生的濃煙導致數百萬人外出不安全。

再投資法（American Recovery and Reinvestment Act）利用稅收減免、聯邦補助、貸款擔保與研發資金來支撐經濟和減少碳排。這是美國史上在清潔能源和與節能領域的單一最大筆投資，然而這只是單次挹注，並非政策面的長期改變。

政府應進行更多干預

現在，我們該把決策經驗應用於眼前的挑戰：將溫室氣體排放量歸零。

國家元首需要闡明全球經濟過渡到零碳的願景，而這個願景到頭來又可以引導民眾與企業的行動。政府官員可以擬定發電廠、汽車與工廠排放碳量上限的法規，藉由法規來塑造金融市場，釐清氣候變遷對公私部門的風險。他們也可以像現在一樣，成為科學研究的主要投資人，並訂定新產品快速打入市場的法規；還可以幫助解決市場無法解決的某些問題，包括碳排放產品對環境與人類造成的隱性成本。

上述很多都是國家層級的決策，但州政府與地方政府也發揮很大作用。在許多國家，各級政府負責管控電力市場、制定建築物的能源使用標準，擬定水壩、運輸系統、橋梁與道路等等大規模建設計畫，並選擇施工地點與建材。此外，當地政府也要購買警車與消防車、營養午餐和燈泡。無論在哪個環節，都需要有人決定是否選擇環保的替代品。

說來可能諷刺，我現在大力呼籲政府進行更多干預。當初我創立微軟時，卻是跟華盛頓特區與其他國家的決策高層保持距離，認為他們只會阻止我們把事做好。

部分原因是，1990年代末美國政府對微軟的反壟斷訴訟讓我明白，我們應該不斷與決策者打交道。但我也曉得，無論是興建國家高速公路系統、確保全球兒童都有接種疫苗，或是將全球經濟去碳化，凡是推動巨型計畫，我們都需要政府發揮重要功用，打造適當誘因，確保整個體制不漏接任何人。

當然，企業與個人也要盡自己的責任。在第十一章和第十二章中，我將提出一項實現零排放的計畫，其中包括政府、企業和個人可以採取的具體步驟。但由於政府的角色十分吃重，因此首先我想提出他們應該鎖定的7個重要目標。

1. 當心投資落差

第一台微波爐於1955年上市，成本換算成今天的美元，相當於近12,000美元。如今，你花50美元就可以買到品質很棒的微波爐。

為什麼微波爐會變得這麼便宜？原因很明顯，誰不想要比傳統烤箱快好幾倍就可以把食物加熱完畢的電器？微波爐的銷量迅速上升，刺激了市場競爭，導致後來生產的微波爐愈來愈便宜。

但願能源市場也能這樣運作。電力不同於微波爐，功能優異就會勝出。無論清潔與否，電力都能讓電燈亮起來，如果沒有政策加以干預，例如加入碳價或訂定標準要求市場上有一定數量的零碳電力，就不能保證砸錢供應清潔電力的公司真能賺到錢。此外，這也牽涉巨大的風險，因為能源是受到高度管制又資本密集的產業。

因此，你便可以明白為什麼私部門在能源研發上，整體投資不足。投入能源產業的公司，平均只有0.3%的營收用於能源研發。相較之下，電子與製藥產業在研發的支出，分別將近10%和13%。

我們需要政府擬定政策、籌措資金來彌補其中落差，特別關注得靠發明全新零碳技術的領域。每當一個想法剛起步時，我們不確定它是否會成功，然而所需時間可能超過銀行或創投人士的耐性，這時適當的政策與融資可以確保想法獲得充分的探索。這可能是重大的突破，但也可能落空，所以我們需要預留失敗的空間。

一般來說，私部門因為看不到盈利前景而不肯投資研發時，政府就應該帶頭投資。一旦企業獲利模式確定，私部門就會接手。其實，這正是我們取得日常產品與服務的方法，包括網際網路、救命藥物，以及智慧型手機內協助導航的全球定位系統。假如不是美國政府投入資金研究更小又更快的微處理器，包括微軟在內的個人電腦企業絕對無法大獲成功。

在數位科技等產業，政府與企業的對接較快。但在清潔能源產業，需要花費更多時間，甚至需要政府投入更多資金，因為科學與工程方面的工作既耗時又昂貴。

投資於研發還有另一項優點：有助打造從事出口的企業，把產品銷售到其他國家。舉例來說，甲國可能生產便宜的電燃料，不僅賣給本國人民，還可以出口到乙國。即使乙國缺乏減少碳排的雄心壯志，但因為甲國發明了更好、更平價的燃料，最終碳排還是會跟著下降。

最後，儘管研發本身會產生效益，但唯有結合需求方的誘因，才會發揮最大效果。企業不會莫名把發表在科學期刊上的新想法變成產品，除非深具信心能找到買家，尤其在價格偏高的初期階段。

2. 營造公平的競爭環境

我一直不厭其煩（讀者可能聽到膩了）主張，我們需要將綠色溢價降到零。我們可以採取第四章至第八章提到的創新達成部分目標，例如降低生產零碳鋼材的成本。但我們也可以提高化石燃料的成本，方法就是把化石燃料造成的損害，納入我們需要支付的費用。

如今，企業製造產品或消費者購買東西時，不必為其中的碳排承擔任何額外費用，儘管碳排帶給整個社會沉重的成本。這就是經濟學家所謂的外部性：由社會承擔個人或企業造成的花費。目前，已有不同方法來確保外部成本至少由始作俑者負擔部分，像是碳稅或總量管制與交易制度（cap-and-trade program）。

簡而言之，我們可以藉由降低無碳產品的價格（這攸關技術創新）、提升碳排產品的價格（這攸關政策創新），或者雙管齊下以降低綠色溢價。這項理念並不是要懲罰釋放溫室氣體的民眾，而是要鼓勵創造有競爭力的無碳替代品。政府藉由逐步提高碳價，以反應真實成本，便可以促使生產者與消費者做出符合效能的決定，同時刺激創新來減少綠色溢價。如果電燃料不必面對人為操縱的廉價汽油削價競爭，我們就更有可能嘗試發明全新的電燃料。

3. 克服非市場障礙

為什麼家家戶戶不願意放棄化石燃料的暖爐，改選擇低碳排的產品呢？因為大家都不清楚替代方案，也缺乏足夠的合格經銷商與安裝人員，甚至在有些地區此舉更是違法。

為什麼房東不把大樓升級，改用更節能的電器？因為他們可以把電費轉嫁到房客身上。而房客往往不被允許自行更換，加上通常也不會住很久，得不到長期的好處。

這些障礙都與成本沒有太大關係，主要是缺乏充足資訊，以及訓練有素的人員或誘因獎勵。舉凡這些面向，適當的政策都能發揮極大效果。

4. 政策與時俱進

有時，最大的障礙不是消費者缺乏意識，也不是市場失靈，而是政府的政策導致了減碳的難度。

舉例來說，如果你蓋大樓時想使用混凝土，建築法規會巨細靡遺地規定混凝土性能，例如強度與負重等等，甚至會規範可以使用的混凝土確切化學成分。然而，這些準則往往會排除你想使用的低碳排水泥，即使低碳排水泥完全符合所有的功能標準也沒用。

沒有人願意看到大樓和橋梁因為混凝土有瑕疵而倒場，我們可以確保這些標準具備最新的尖端技術，同時兼顧對零排放的迫切需求，但政府的政策也必須與時俱進。

5. 轉型符合公義

如此大規模轉向碳中和經濟，必然造成幾家歡樂幾家愁的局面。在美國，經濟高度依賴鑽取化石燃料的德州和北達科他州，需創造新工作機會，待遇得不亞於流失的工作，也要另尋用於學校、道路與其他必需品的稅收來源。如果人造肉取代傳統肉，內布拉斯加州等養牛重鎮也得轉型。低收入戶已花費大筆收入取得能源，對綠色溢價的負擔將比大多數人更有感。

但願真的有簡單的方法來解決這些問題。當然，部分地區石油與天然氣相關的高薪工作，自然會被太陽能等產業的工作所取代，但有許多人會面臨艱難的轉型，改為不依靠化石燃料來維持生計。由於解決方案會因地制宜，因此需要由當地首長來推動，聯邦政府可以從旁協助，當作實現零排放計畫的一環。像是提供資金與技術上的諮詢，串連全國各地遭遇類似問題的地區，以便分享有效的方法。

最後，對某些地區來說，煤炭或天然氣的開採是當地經濟的重要基石，可以理解居民擔心轉型會讓他們更難維持生計。但人們抱持這些擔憂，不代表就是否認氣候變遷。你就算不是政治學家也可以想像，假如提倡零碳排的國家元首可以理解、也認真看待當地社區對於生計恐受衝擊的擔憂，自然會有更多民眾支持他們的理念與主張。

6. 不畏艱巨任務

因應氣候變遷的許多心力都被放在相對簡單的減碳排方法，例如駕駛電動車、多利用太陽能和風力發電。這確實有其道理，因為讓人看到進步、展示初期的成果，都有助於鼓勵更多人效法。重點是，這些相對簡單的方法尚未達到我們需要的規模，所以現在仍有許多機會取得重大進展。

但我們不能只追求這種容易的成果。既然因應氣候變遷的運動愈來愈受到重視，也需要關注艱巨的面向：電力儲存、清潔燃料、水泥、鋼鐵、化肥等等。這就需要採取不同的決策方式。除了應用現有的技術外，還需要在困難技術的研發上投入更多資金。由於這些技術大部分是實體基礎設施的核心，譬如道路與建築，因此需要擬定專門的政策，以推動技術上的突破，協助其進入市場。

7. 技術、政策與市場三管齊下

除了技術和政策之外，我們還需要考量第三個面向：企業推出新發明，並確保其具有全球規模，以及支持這些企業的投資人和金融市場。由於缺乏更恰當的用詞，我姑且把這個群體籠統地稱為「市場」。

市場、技術和政策就像是我們需要拉動的三條槓桿，這樣才能擺脫對化石燃料的依賴。我們需要朝著一個方向，同時拉動這三條槓桿。

假如你沒有消除碳排的技術，或沒有任何企業願意產銷符合碳排標準的汽車，那僅僅採用單一政策（譬如汽車零碳排標準）不會帶來任何益處。另一方面，如果你不能為電力業者打造安裝新設備的經濟誘因，即使擁有低碳排技術（譬如從燃煤電廠廢氣中捕集碳的設備）同樣不會帶來益處。如果競爭對手可以用更低價銷售化石燃料產品，鮮少有企業會押注於發明零碳排的技術。

這就是為何市場、政策和技術三個面向必須相輔相成。諸如增加研發資金的政策，便有助催生新技術、塑造市場體系，確保未來有數百萬人受惠。但反過來也說得通：政策應該要由我們開發出的技術所形塑。舉例來說，如果我們開發出創新的液態燃料，那麼政策就會專注於創造投資和融資策略，以把這項創新推向全球，我們就不需要太煩惱尋找全新能源儲存方式等問題。

接下來我要舉幾個例子，說明三管齊下的功效與相互脫節的後果。

想了解政策落後於科技發展的後果，只要看看核電產業即可。核電是唯一無碳能源，我們可以全天候運用，不分時間與地點。少數像泰拉能源等公司，正在研究先進的反應爐，解決如今反應爐運轉50年就得除役的問題。他們的設計更加安全、便宜又產生較少核廢料。但若缺乏適當的政策與市場策略，這些先進反應爐在科學與工程上將毫無進展。

興建先進核電廠的前提是設計能獲得驗證、供應鏈能建立起來，還要打造前導計畫來示範新方法，否則一切都只是空談。遺憾的是，除了中國、俄羅斯等少數例外，直接投資於國家扶持的先進核電企業，大多數國家都沒有辦法落實前述措施。如果有政府願意像美國近來一樣，共同投資建立與執行示範計畫，理應會有幫助。我曉得這可能聽起來像在自肥，畢竟我就擁有一家先進核電企業，但這是核能有機會共同對抗氣候變遷的唯一途徑。

生質燃料的例子反映了不同的難題：認清我們設法解決的問題，並依此調整政策。

2005年，隨著油價上漲，加上有意減少石油進口，美國國會通過了再生燃料標準（Renewable Fuel Standard），替未來數年使用的生質燃料設定目標。單單這項法案的通過，對交通產業來說便是強烈的信號；交通產業大量投資於當時的生質燃料技術，即以玉米為基底的乙醇。玉米乙醇與汽油相比已具有相當的競爭力，而因為汽油價格上漲，乙醇製造商也獲益於已有數十年歷史的稅收優惠。

這項政策果然奏效。乙醇產量很快就超越國會制定的目標；如今，在美國銷售的一加侖汽油內，可能就含有高達10%的乙醇。

2007年，國會開始利用生質燃料來解決另一個問題。當時關注的不僅僅是油價上漲，還有氣候變遷。政府提高了生質燃料的比例，還要求在美國銷售的所有生質燃料中，必須有60%左右是由玉米以外的澱粉所製。這類生質燃料比傳統生質燃料可減少三倍的碳排量。煉油商迅速達到了傳統玉米生質燃料的目標，但在先進生質燃料方面卻遠遠落後。

背後原因為何？部分原因是先進生質燃料的科學原理十分艱澀，加上油價一直保持在相對較低的水準，導致即使想大量投資於高成本的替代品，也難自圓其說。但主因則是，這類生質燃料的製造商與背後的投資人對市場毫無把握。

行政部門已料到先進生質燃料的供應量不足，所以不斷降低目標，從2017年的55億加侖降至3.11億加侖。有時年度新目標公布得太晚，製造商根本不知道能指望多少銷售量。這便形成了惡性循環：政府因為預期會有缺口而調降法定比例，但供應缺口正是因為政府調降目標而不斷出現。

這件事帶來一個教訓：決策者需要清楚自己設法實現的目標，並了解眼下想要推廣的技術。設定生質燃料的目標是減少美國需要進口石油量的良方，因為已有現成的技術，也就是玉米乙醇，可以達到這個目標。該政策激發創新、開發市場，促使創新規模化。但設定生質燃料比例，並不是特別有效的減碳排方法，因為決策者沒有考量到，先進生質燃料的技術仍處於發展早期，也尚未創造出市場所需的穩定度，所以難以脫離這個階段。

現在我們來看看一則成功的案例，見證政策、技術與市場合作無間的搭配。早在1970年代，日本、美國與歐盟就開始資助探討太陽能不同發電方式的早期研究。到了1990年代初，太陽能技術已有了長足的進步，更多企業開始生產太陽能板，但太陽能仍然沒有普及開來。

德國提供了低利貸款來安裝太陽能板，還實施躉購費率制度（feed-in tariff），即政府根據每單位再生能源發電量的固定收購價，來購買過剩太陽能，從而推動了市場的發展。2011年，美國為國內五大太陽能企業提供貸款擔保。中國向來善於尋找妙方來壓低太陽能板的價格。多虧了這些創新，2009年以來，太陽能發電的價格已下降了90%。

風力發電是另一項絕佳的例子。過去10年內，風力裝置平均每年成長20%，如今風力發電機提供了全球約5%的電力。風力發電的成長有一項單純的原因：成本愈來愈低。中國在全球風力發電中占了很大的比例，而且還在不斷成長中。中國政府已表示，很快就不會再對陸域風力發電計畫進行補貼，因為這些計畫產生的電力與傳統能源的電力一樣便宜。

想要了解我們何以走到這一步，不妨看看丹麥的例子。在1970年代石油危機中，丹麥政府頒布了一連串的政策，以促進風力發電的發展、減少石油進口。值得注意的是，丹麥政府投入大量資金，用於再生能源的研發，其他國家也動了起來（大約在此時，美國開始在俄亥俄州研究公用事業規模的風力發電機）。然而丹麥人實施了別出心裁的措施：以研發資金搭配躉購費率，後來更加上了碳稅。

隨著西班牙等國家紛紛仿效，風電產業不再令人卻步。企業現在有誘因開發更大的葉輪和更高容量的機組，這樣每個發電機就能產生更多電力。另外，他們也開始賣出更多機組。久而久之，風力發電機的成本大幅下降，風力發電的價格也隨之下滑。在丹麥，從1987到2001年，風力發電的成本直接砍半。如今，丹麥有一半的電力來自陸域與離岸的風力發電，還是世界上最大的風力發電機出口國。

在此特別說明：這些案例的重點，並不是太陽能與風力發電可以解決所有用電需求的問題（兩者只能滿足部分用電需求，詳見第四章），重要的是，同時看重技術、政策和市場這三個面向，可以鼓勵創新、刺激新企業出現，也幫助新產品快速打入市場。凡是因應氣候變遷的計畫，都要了解如何三管齊下。在下一章中，我便會提出一項可行的計畫。

丹麥是讓風力發電更為平價的領頭羊。圖中的風力發電機，坐落於薩姆索島（Samsø）。

第十一章

減到零排放的總體計畫

富國應把投資清潔能源研發視為實現科學突破的契機，
不僅催生全新產業，更創造大量就業機會、減少碳排。

2015年，我在巴黎參加氣候大會時，不禁納悶：我們真的辦得到嗎？

看到全球領袖齊聚一堂，達成氣候目標的共識，而且幾乎每個國家都承諾減少碳排，實在令人振奮。然而一個又一個的民調卻顯示，氣候變遷仍然是被邊緣化的政治議題（有時甚至連議題都排不上），我不禁擔憂我們終究缺乏決心執行這項艱難的工作。

所幸，社會大眾對氣候變遷的關注比我料想的要多。過去數年內，全球針對氣候變遷的對話顯著出現好轉。隨著世界各地的選民要求採取行動，以及各城市與各州承諾大幅減少碳排放量，藉此支持（美國則是彌補）各自的國家目標，不同層級的政治決心正在成長。

如今，我們需要將這些目標搭配具體的達標計畫。就像在微軟的早期，我和共同創辦人艾倫擁有一項共同目標，也就是「家家戶戶書桌上都要擺一台電腦」，並且在接下來10年中擬定、執行達標計畫。當時有人認為我們的夢想太大，簡直是瘋子的行徑，但這完全比不上因應氣候變遷所需的困難工作，畢竟後者是牽涉全球民眾與相關機構的巨大工程。

第十章是政府在實現這項目標中需要扮演的角色。在本章，我會提出一項如何避免氣候災難的計畫，著重於政府高層與決策人士可以採取的具體步驟。下一章，我會說明我們每個人對於這項計畫可以做出的貢獻。

我們實現碳排歸零的腳步要多快？科學統計告訴我們，想要避免氣候災難，富國應該在2050年前達到淨零排放。你可能還聽過有人主張，我們可以更快地大幅去碳，甚至在2030年就能達標。

遺憾的是，有鑑於我在本書中提到的所有原因，2030年是不切實際的目標。考量到化石燃料對我們的生活如此不可或缺，根本無法在10年內停止廣泛使用。

未來10年內，我們可以做到、也需要做到的，是推動相關政策，好讓我們朝向「2050年前大幅去碳」的方向前進。

兩者乍看之下相似，但其中的區別至關重要。「2030年前減碳排」和「2050年前零排放」看似相輔相成，2030年不就是通往2050年的中繼站嗎？

不見得是這樣。在2030年前若用錯方法來減碳排，可能反而會害我們永遠無法實現零排放的目標。

原因在於2030年減碳排達標的方法，截然不同於2050年零排放達標的措施。兩者實際上是不同的方向，也有不同的衡量標準，我們必須在兩者之間取捨。設定2030年的目標絕對是好事，但得是2050年碳排歸零的里程碑。

也就是說，如果目標是在2030年之前達成小幅減碳排，我們就會專注於能實現這項目標的計畫，但這卻會害我們更難或無法實現零排放的最終目標。

舉例來說，如果「2030年前減碳排」是衡量成功的唯一標準，那燃氣電廠取代燃煤電廠就很有說服力，畢竟這樣可以減少二氧化碳的排放。然而，從現在到2030年間建造的燃氣電廠到2050年仍會繼續服役 —— 它們必須運轉數十年才能回收當初的興建成本，而且燃氣電廠依然會產生溫室氣體。我們會實現「2030年前減碳排」的目標，但幾乎無望達到零排放。

另一方面，如果我們把「2030年前減碳排」當成「2050年前零碳排」的里程碑，那麼花費大量時間或金錢從燃煤轉型為燃氣便不具意義。相反地，我們最好同時採取兩項策略：第一，全力提供廉價穩定的零碳電力；第二，盡可能讓電氣化普及，從汽車、工業製程到熱泵皆然，甚至涵蓋目前依賴化石燃料發電的領域。

如果我們認為「2030年前減碳排」是唯一目標，這項方法終將失敗，因為10年內碳排可能只會微幅減少。但我們會為長期的成功做好準備。隨著發電、儲電與輸送清潔電力一再出現創新突破，我們會愈來愈接近零排放的目標。

因此，如果你想有一套標準來衡量哪些國家在因應氣候變遷上有所進展，不要只鎖定正在減少碳排的國家，而要關注正準備實現零排放的國家。他們的碳排放量當下可能變化不大，但已踏上正確的道路。這點就值得肯定。

對於支持2030年前減碳排的人士，我同意一項觀點：這份工作十分迫切。如今，我們因應氣候變遷的階段，等於多年前因應流行病的階段。當時，衛生專家就曾表示無法避免大規模的疫情發生。儘管他們發出了警告，但世界各國卻沒有做足夠的準備，然後突然不得不十萬火急地採取措施來趕上進度。我們不應該在氣候變遷問題上，犯下同樣的錯誤。

既然我們在2050年之前需要有所突破，又知道開發與推廣新能源需要耗費大量時間，那麼現在就應該行動。如果現在就開始運用科學和創新的力量，確保解決方案對赤貧人口奏效，就能避免重蹈傳染病大流行的覆轍，成功對抗氣候變遷。這項計畫能讓我們踏上這條道路。

創新與供需法則

正如我在開頭所主張（希望前幾章也論述得夠清楚），任何通盤的氣候計畫都必須借助許多不同領域的力量。氣候科學能說明我們需要處理這個問題的「原因」，卻告訴不了我們處理的「方法」。為此，我們需要結合生物學、化學、物理學、政治學、經濟學、工程學等領域。這並不是說每個人都得了解每一個學門，就好比我與艾倫在創業之初也不擅長行銷、企業合夥、政府合作，微軟當時需要的（也是現在因應氣候變遷需要的），是容許不同領域引領我們走上正確道路的方法。

就能源、軟體等領域來說，不能只是從嚴格的技術角度來思考創新。創新不僅僅是發明一台新機器或新製程，還包括對商業模式、供應鏈、市場和政策提出新穎觀點，以協助新發明問世、達到全球規模。創新既代表全新的工具，也代表全新的做事方式。

考量到上述種種前提，我把計畫中的不同內容分為兩大類。如果你學過基礎經濟學，這樣的分類應該不陌生：其中一類是擴大創新的供給，實驗大量的新穎想法；另一類是加速對創新的需求。兩者攜手並進，善用推拉（push-and-pull）策略。如果沒有創新需求，發明家和決策者就不會有任何動力推出新想法；如果沒有穩定的創新供給，消費者就無法取得全球亟需的環保產品，來實現零排放。

我明白這聽起來有點像商學院的理論，但實際上很實用。蓋茲基金會拯救性命的方法都是基於這項理念：我們需要為窮人推動創新，同時要增加對創新的需求。而在微軟，我們組織了龐大的團隊，唯一的任務就是進行研究，我至今引以為傲。基本上，他們的工作就是增加創新的供給。

我們還花了大量的時間傾聽顧客的聲音，由顧客告訴我們對軟體的期待，這就是創新的需求面，提供至關重要的資訊，影響我們的研究工作。

擴大創新的供給

第一階段的工作是典型的研究與開發，即偉大的科學家和工程師發想出我們需要的技術。儘管今天有許多低成本的低碳解決方案，卻仍然沒有掌握實現全球零排放所需的一切技術。我在第四章到第九章中，提到了我們仍欠缺的最重要技術，以下整理列舉，方便快速參考。你可以在清單中的每項加上「平價到中等收入國家買得起」這段文字。

所需技術

生產氫氣但不排碳	核融合
維持一整季的電網級儲電系統	碳捕集（包括直接空氣捕集與點捕集）
電燃料	地下輸電
先進生質燃料	零碳塑膠
零碳水泥	地熱能
零碳鋼材	抽蓄水力
以植物或細胞製成的肉類與乳製品	儲熱系統
	耐旱和耐澇的糧食作物
零碳肥料	棕櫚油的零碳替代品
新一代核分裂	不含含氟氣體的冷卻液

為了盡快備妥這些技術來發揮影響力，各國政府需要做到

以下幾點：

1.未來10年內，對清潔能源與氣候相關的研發投入增加五倍。對研發的直接公共投資，是我們因應氣候變遷的重要方式，但政府在這方面的投入遠遠不足。

整體來說，政府每年用於清潔能源研發的資金總額約為220億美元，僅占全球經濟的0.02%左右。美國人每個月加油的錢遠遠超過此金額。美國是目前清潔能源研究的最大投資國，但每年僅花費約70億美元。

我們應該花多少錢呢？我認為美國國家衛生研究院（NIH）提供很棒的比較基準。NIH每年預算約為370億美元，成功研發許多救命藥物和治療方法，對美國人與世界各地的民眾來說不可或缺。這正是絕佳的例子，也是我們因應氣候變遷所需決心的典範。雖然將研發預算變五倍聽起來是天文數字，但與當前挑戰的難度相比，顯得微不足道，而且強力反映了政府對此問題的重視程度。

2.加大投資高風險、高回報的研發計畫。這不僅僅攸關政府砸了多少經費，更攸關政府是否把經費花在刀口上。

各國政府曾因為投資清潔能源而引火上身，如果你不記得，不妨搜尋一下索林卓公司（Solyndra）的破產醜聞。決策者不想讓人覺得自己在浪費納稅人的錢，這當然可以理解，但因為恐懼失敗，反而造成對於研發的投資短視近利，傾向找更為安全的投資目標，而且最好交由私部門出資。政府主導研發的真正價值在於，可以冒險嘗試那些可能失敗或不會立即獲益的大膽理念。針對私部門無法執行的那些高風險科學計畫（我已於第十章列舉原因），政府的角色更是重要。

想了解政府押對賭注的案例，不妨參考人類基因體計畫（Human Genome Project，簡稱HGP），目的是建構完整的人類基因圖譜，並將結果公諸社會大眾。這項研究計畫具有劃時代的意義，主導單位是美國能源部與國家衛生研究院，合作夥伴包括英國、法國、德國、日本與中國。計畫前後共耗時13年，斥資數十億美元，但為數十種遺傳疾病找出了全新篩檢或治療方法，其中包括遺傳性結腸癌、阿茲海默症和家族性乳癌。對此，有項獨立研究發現，聯邦政府在該計畫上每投資1美元，就替美國經濟帶來141美元的報酬。

同理可證，我們需要政府承諾資助能推動清潔能源科學發展的超大規模計畫（數億或數十億美元），尤其是上面我列出的那些領域。政府也得承諾長期資助這些計畫，這樣研究人員就會曉得來年都會固定得到補助。

3.研發呼應最大需求。實用價值尚不明顯的「藍天研究」（blue-sky research，又稱基礎研究）與科學發現的實際應用（即所謂的應用研究或轉譯研究）兩者有明顯區別。雖然是不同的概念，但如果凡事都要講究正統，認為基礎科學不應該被商業考量給汙染，毋寧大錯特錯。那些優異的發明之所以問世，是因為科學家在研究之初就考慮到最終用途，例如路易·巴斯德（Louis Pasteur）的微生物學研究催生了疫苗和巴氏殺菌法。我們需要更多的政府計畫，整合亟需突破領域中的基礎研究和應用研究。

美國能源部的「射日倡議」（SunShot Initiative）就是絕佳的示範。2011年，該倡議的發起人設定了一項目標，即在10年內把太陽能成本降低到每千瓦時0.06美元。他們把重點放在早期研發上，但也鼓勵民間企業、大學與國家實驗室致力於降低太陽能發電系統的成本，消弭官僚繁文縟節，減少太陽能發電系統所需資金。幸虧有這項跨界合作，射日倡議在2017年實現了目標，比預定時程提早。

4. 一開始就與產業界合作。我還遇過另一項人為的區分，即初期的創新是為政府服務，而後期的創新是為產業服務。但在現實中不該如此區分，我們在能源領域面臨的艱難技術挑戰尤其不能如此簡化，因為想法成功與否最重要的衡量標準，就是能否遍及全國、甚至全球的規模。初期的合夥關係會吸引懂得達標的內行人。政府和產業界需要共同努力，才能克服障礙、加快創新循環。企業可以幫忙製作新技術的原型，提供市場方面的洞見，並且共同投資計畫。當然，他們負責把技術商業化，所以理應要盡早讓他們參與。

加快創新需求

需求端比供應端略為複雜，涉及了兩個步驟：驗證階段與規模化階段。

實驗室內測試過一項方法後，需要在市場上得到驗證。在科技界，這個驗證階段迅速又便宜，不需要很長時間就能證明全新的智慧型手機款式是否可行、是否能吸引顧客。但在能源界，這就困難得多，成本也更高。

首先，必須確認實驗室中奏效的想法，在現實世界的條件下是否仍然可行（或許，你想用來做為生質燃料的農業廢棄物比實驗室使用的材料要溼潤許多，因此產生的能量不如預期）。此外，還必須降低早期採用的成本與風險，開發供應鏈、測試商業模式，並幫助消費者適應新的技術。目前仍處於驗證階段的想法，包括低碳水泥、新一代核分裂、碳捕集與封存、離岸風電、纖維乙醇（一種先進生質燃料），以及肉類替代品等。

驗證階段是一個死亡之谷，是葬送好點子的階段。一般來說，測試新產品並將其引進市場的風險實在太大，投資人會被嚇跑。這對於低碳技術來說尤其如此，因為這些技術需要大量的資金來推行，也可能需要消費者大幅度地改變自身行為。

各國政府（以及各大企業）可以幫助能源新創公司，活著走出死亡之谷，因為他們本身就是大型消費者。如果他們優先購買環保產品，降低不確定性與成本，就有助於將更多產品推向市場。

善用採購權。不論中央、州，抑或地方政府，都會購買大量的燃料、水泥和鋼材，用來建造飛機、卡車與汽車，提供動力，並消耗大量電力，因此最適合以相對較低的成本，推動新興技術進入市場。倘若考量這些技術規模化的社會效益，那更是如此。國防部門可以為飛機與船舶購買低碳液態燃料；州政府可以在建案中使用低碳排的水泥和鋼材；公用事業部門可以投資於長期儲能。

每位做出採購決定的官員，都要有尋找環保產品的動機，並且了解如何計算在第十章中談到的外部成本。

順便澄清一下，這不是什麼特別新穎的想法，早期的網際網路就是這麼起步的。當然，還有公共研發資金，老顧客——美國政府也參與其中。

創造誘因、降低成本、減少風險。除了自己買東西，政府還可以提供私部門各式各樣的誘因來實現零碳目標。稅收優惠、貸款擔保與其他工具都有助於降低綠色溢價，推動對新技術的需求。許多這類產品在未來一段時間內都很昂貴，潛在買家需要取得長期的融資，並且信賴政府採取穩定政策。

政府可以採取零碳政策、形塑市場為這類計畫吸引資金的方式，進而發揮巨大的影響力。相關原則包括：政府政策應該保持技術中立（有利於任何能減少碳排的解決方案，而非獨厚少數受青睞的解決方案）、可以預期（而不是像現在經常到期後又展延）和靈活（以便不同企業與投資人都能利用這些政策，而不僅僅是那些繳交大量聯邦稅的企業和投資人）。

建立能把新技術推向市場的基礎設施。如果基礎設施不到位，即使是具有成本競爭力的低碳技術，也無法取得市占率。各級政府需要協助這些基礎設施的設立，包括風電和太陽能的輸電線路、電動車的充電站，以及輸送捕集到的二氧化碳與氫氣的管線。

改變市場規則，提升新技術競爭力。當基礎設施建造完畢，我們會需要新的市場規則，讓新技術具有競爭力。迎合20世紀技術而設計的電力市場，往往讓21世紀的技術處於劣勢。舉例來說，在大多數市場中，投資於長期儲能的電力公司，即使替電網帶來價值，卻沒有獲得適當補償；法規制度導致汽車與卡車難以使用較為先進的生質燃料。正如我在第十章所述，由於政府法規過時，部分新形式的低碳混凝土無法參與競爭。

實務面的積極做法

本章行文至此，我都在介紹前期發展的階段，也就是那些能夠激發並採用創新能源的政策。現在讓我們來看看規模化階段的部署。只有當成本夠低、供應鏈與商業模式發展成熟，加上消費者已表明願意購買你所銷售的產品，才稱得上達到這個階段。陸域風電、太陽能發電與電動車都處於規模化階段。

可是單純擴大規模並不容易。我們需要在短短數十年內，讓發電量達到現在三倍以上，而且大部分電力得來自於風電、太陽能與其他形式的清潔能源。我們要改開電動車，就像當初烘衣機和彩色電視問世時，我們迅速搶購一樣。我們需要改變製造與種植東西的方式，同時繼續維持我們仰賴的道路、橋梁和糧食。

幸好，正如我在第十章所述，我們對能源技術的規模化並不陌生。藉由把政策與創新綁在一起，我們推動了農村電氣化、擴大了美國國內化石燃料的生產。你可能會認為其中部分政策是對化石燃料的補貼，例如對石油公司的各項稅收優惠。但這些其實只是推廣我們認為有價值技術的工具之一。別忘了，1970年代末氣候變遷的概念才首次進入全國性的討論。之前社會大眾普遍認為，提高生活品質與擴大經濟發展的最佳方式，就是化石燃料的普及化。如今，我們可以從化石燃料目標明確的成長中汲取教訓，並將之應用於清潔能源。

在實務面，應該從哪些方面著手呢？

訂定碳價。無論是徵收碳稅，或者企業可買賣碳排放權的總量管制與交易制度，訂定碳排價格是消除綠色溢價極為重要的步驟。

從短期來看，碳價的價值在於提高化石燃料成本，藉此向市場傳達一項訊息：排放溫室氣體的產品會有額外成本。碳價收入的去向，並不如價格本身所傳遞的市場訊號那般重要。許多經濟學家認為，這筆錢可以退還消費者或企業，以彌補由此造成的能源價格上漲，不過也有強烈的觀點認為，這筆錢應該用於研發和其他激勵措施，以助解決氣候變遷的問題。

長遠來看，隨著我們愈來愈接近淨零排放，碳價便可能按照直接捕集空氣的成本來設定，而收入可以用來支付從空氣中捕集碳的費用。

雖然這會徹底轉變商品的定價方式，但碳價的概念已受到許多學派和各黨派經濟學家的廣泛接受。無論在美國，還是他國，想要採取正確的方法，必定會遇到技術與政治的難題。民眾是否願意多花一大筆錢，以取代生活中包括加油在內、所有會釋放溫室氣體的產品呢？在此，我不打算提供一體適用的解決方案，但最終目標是確保每個人都要為自己的碳排真正付出成本。

清潔電力標準。美國境內29州與歐盟都已採用了同一類效能標準，稱為再生能源發電配額制（renewable portfolio standard）。這背後的概念是要求，電力供應者需提供一定比例的再生能源發電。這些屬於靈活的市場導向機制。舉例來說，公用事業假如取得較多再生資源，便能販售額度給再生資源較少的公司。但目前這項方案執行面上有個問題，即限制了公用事業僅能使用特定的低碳技術（風電、太陽能、地熱，有時還有水力），而且排除了核電和碳捕集等選項，實際上反而提高了降低碳排的總體成本。

設定清潔電力標準是較好的辦法，美國已有愈來愈多的州陸續要採用此標準。這類標準不特別強調再生能源，而是計入所有清潔能源技術，包括核電和碳捕集，以檢視是否達到標準。可以說是既靈活又具有成本效益的辦法。

清潔燃料標準。上述具彈性的效能標準也適用於其他產業，以減少汽車、建築物及發電廠的碳排放量。舉例來說，適用於交通產業的清潔燃料標準，將加速電動車、先進生質燃料、電燃料與其他低碳解決方案的普及。正如清潔電力的標準，同樣採取科技中立的原則，受監管的單位可以進行額度交易，降低消費者的成本。加州的低碳燃料標準已打造了一個模式。至於在國家層級，美國的再生燃料標準為這類政策奠定了基礎，而這還可以進一步改革，以解決我在第十章中提到的局限，並加以擴大到涵蓋其他低碳解決方案（包括電力與電燃料），可望成為因應氣候變遷的有力工具。歐盟的再生能源指令（Renewable Energy Directive）則在當地提供了類似的契機。

清潔產品標準。效能標準也有助於加快低碳排水泥、鋼材、塑膠等產品的普及。政府可以透過制定採購計畫的標準，以及推動標章計畫，讓所有消費者了解不同供應商「清潔」（低碳排）的程度，從而加快此一進程。再來，我們可以將這些標準拓展到涵蓋市場上銷售的所有碳密集產品，而不僅限於政府購買的。進口商品也必須符合標準，以解決各國擔心的問題：降低製造業的碳排會推升產品價格、導致產品在競爭上居於劣勢。

汰舊換新。除了盡快推出新技術，各國政府還需要加速淘汰低效能的化石燃料設備。不論是發電廠和汽車皆應如此。興建發電廠的成本很高，只有把興建成本分攤到服役年限時，發電廠生產的能源才算便宜。因此，公用事業和相關監管機構才不願關閉運轉良好的發電廠，因為它可能服役數十年。稅法或公用事業法規等政策誘因有助加速相關進程。

誰先帶頭？

由於決策權過於分散，沒有任何單一政府機構能夠全面實施我在前面所提到的計畫。我們需要各級政府採取行動，包括地方運輸規劃單位、國家立法機構與環境監管機構。

確切的合作模式會因國家而異，接下來我將談談多數地方的共同主軸。

地方政府最重要的功能是決定大樓建造工法、使用能源的種類、巴士與警車是否用電、電動車是否有充電的基礎設施、廢物管理規定等等。

大多數州或省級政府主要負責監管電力、規劃道路和橋梁等基礎設施，以及挑選這些計畫所需材料等等。

國家政府的權限通常攸關州際或國際邊界的活動，必須擬定規範電力市場的相關規則、採取防範汙染的法條、確立車輛與燃料的標準。國家政府還擁有龐大的採購權，也是經濟誘因的主要來源，通常也比地方政府提供更多的公共研發資金。

總之，每個國家政府都需要做到以下三件事：

第一、富裕國家的目標是在2050年前實現零排放，中等收入國家的目標則是2050年後盡快實現。

第二、擬定實現上述目標的具體計畫。為了在2050年實現零排放，我們需要在2030年前讓政策與市場結構到位。

第三、任何有能力提供研究資金的國家，都需要確保未來能夠調降清潔能源價格，也就是大幅降低綠色溢價，讓中等收入國家也能夠實現零排放。

接下來是美國各級政府加速創新的方法，可當成共同合作的範例參考。

聯邦政府正在做的事

美國政府比其他國家更積極推動能源創新，堪稱能源研發的最大出資者與執行者，共有12個不同的聯邦機構參與研究（目前能源部投入的比例最大）。美國政府擁有各種工具來管理能源研發的方向和速度，包括研究基金、貸款計畫、稅務扣抵、實驗室設施、前導計畫、公私部門合作等等。

聯邦政府也大力提升對環保產品與政策的需求。幫助州政府和地方政府修建道路和橋梁、監管跨州基礎設施，例如輸電線、管路和高速公路，以及協助訂定多州電力與燃料市場的法規。聯邦政府收取的稅收最多，代表它的經濟誘因最能有效推動改革。

在新技術規模化方面，聯邦政府扮演最大的角色，不僅管理州際貿易，還對國際貿易和投資政策握有主控權，這代表我們需要聯邦政策來減少州際或國際的碳排放源（根據我最愛讀的雜誌《經濟學人》表示，如果計入美國人消費但在別國生產的所有產品，美國的總碳排放量將增加約8%，英國的總碳排放量將高出約40%）。雖然碳定價、清潔電力標準、清潔燃料標準與清潔產品標準都應該在州級實施，但直接在全國實施的效果會更好。

就實務來說，這代表國會需要為研發、政府採購和基礎設施的發展提供資金，也需要為環保政策與產品訂定、修改或擴大經濟誘因。

在行政部門，能源部負責進行內部研究，也為其他工作提供資金，還會落實聯邦清潔電力標準；環境保護署負責設計、實施大規模的清潔燃料標準；美國聯邦能源管理委員會（Federal Energy Regulatory Commission）則監督電力批發市場、州際輸電，以及管路計畫，並且負責管理該計畫的基礎設施與市場要素。

除此之外，美國農業部的關鍵任務在處理土地利用和農業碳排；國防部購買先進低碳排燃料與材料；國家科學基金會資助研究；運輸部協助出資造橋鋪路等。

最後還有一個問題，就是如何籌措實現零排放所需資金。我們目前還無法準確地知道碳排歸零的長期成本，這取決於創新的成功與速度、技術普及的效度。但我們很清楚這會需要大量的投資。

美國算很幸運，擁有成熟又具創意的資本市場，可以把握出色的想法，快速進行開發與部署。我在前面提出了聯邦政府可以採取的策略，以幫助這些市場朝正確方向發展，並用全新方式與私部門合作。舉例來說，中國、印度與歐洲許多國家都缺乏同等強大的私有市場，卻仍然可以針對氣候變遷進行大量公共投資。此外還有多邊銀行，像是世界銀行和亞洲、非洲、歐洲等地的開發銀行，也在設法提升參與。

現階段有兩件事無庸置疑。首先，想要實現碳排歸零與適應即將發生的災害，長期投注的資金必定會大幅增加。這意味著政府和多邊銀行得找到更適當的方法來運用私人資金，畢竟民間財力不足以獨自完成這項工作。

其次，氣候投資的時程拉得很長，風險也很高，公部門應該利用自身財力來延長投資期限（反映出報酬可能多年都不會到來的事實），並降低這些投資的風險。公共資金和私人資金的大規模結合勢必棘手，但實屬必要手段。我們需要金融界最優秀的人才來解決這個問題。

州政府正在做的事

美國有許多州政府正在帶頭行動。24個州與波多黎各加入跨黨派的美國氣候聯盟（U.S. Climate Alliance），並且承諾到2025年實現《巴黎協定》中至少減排26%的目標。雖然這遠遠不及我們所需要的全國減排量，但也不能說是虛張聲勢。各州可以在展示創新技術與政策上，發揮關鍵作用，例如藉助公用事業和道路建設計畫，推動長期儲能與低碳排水泥等技術進入市場。

各州也可以先測試碳定價、清潔電力標準和清潔燃料標準等政策，再落實到全國各地。此外，還可以結成區域聯盟，像是加州與其他西部各州就在考慮把電網全部接起來，東北數州則同樣運用總量管制與交易制度來降低碳排。

美國氣候聯盟與認可結盟的城市，占了美國經濟體60%以上，這意味著他們有超凡的能力來創造市場，示範如何將全新想法規模化。

州議會：負責通過州級碳定價制度、清潔能源標準和清潔燃料標準，並且指示州政府機構、公用事業或服務委員會改變採購政策，以及優先考慮先進低碳排技術。

州行政機關：負責實現立法機關與州長設定的目標，監督能源效率和營建相關政策，管理州運輸相關政策與投資，落實汙染標準，並管理農業和其他土地使用。

萬一有人跑來問你：「對氣候變遷影響最鮮為人知的單位是什麼？」你不妨說：「本州的公用事業委員會」或「本州的公共服務委員會」（各州名稱不同）多數人從來沒有聽說過公用事業委員會或公共服務委員會，但兩者實際上負責擬定美國許多與電力有關的法規，例如他們批准電力業者提出的投資計畫、決定消費者支付的電價。

隨著我們用電力滿足更多能源需求，這兩個委員會的角色只會更加吃重。

地方政府正在做的事

美國與世界各地的市長們紛紛承諾要減少碳排。如今，已有十二個美國主要城市制定了2050年前實現碳中和的目標、超過300個城市承諾要達成《巴黎協定》的目標。

市政府對碳排的影響力不如州政府和聯邦政府，但絕對不是無能為力。舉例來說，雖然他們無法制定車輛碳排標準，但依然可以購買電動巴士、資助更多電動車充電站；利用土地使用分區法（zoning law）增加密度，好讓民眾減少上班通勤的時間；限制化石燃料動力的汽車行駛。市政府還可以推行環保建築政策、實現車輛電氣化，並為市政大樓設定採購方針與效能標準。

而像西雅圖、納許維爾和奧斯汀等城市直接經營當地公用事業，得以監督公用事業是否從清潔能源獲得電力。這些城市還能允許在市政用地興建清潔能源設施。

市議會：可以採取類似州議會與美國國會的行動，資助氣候政策的優先計畫，要求地方政府的行政機關採取行動。

地方行政機關：如同州級與聯邦行政機關一樣，監督不同的政策要項。營建部門落實對效率的要求；交通部門可以推動電氣化、指定鋪路造橋使用的材料；廢棄物管理部門則掌管大型車輛，並規範垃圾掩埋場的碳排量。

沒有國家可以置身事外

最後，我要回來談聯邦政府的困境：富國如何因應「坐享其成」的問題？

我們無可迴避的現實是：達成零排放不可能免費。必須投入更多資金進行研究，也需要透過政策來推動市場接納清潔能源產品，然而目前這類產品的價格就是比那些釋放溫室氣體的同類產品高。

但是，這實在不是「提高價格就能換取未來氣候改善」那麼簡單的事。綠色溢價令各國對減碳卻步，中低收入國家更是抗拒。加拿大、菲律賓、巴西、澳洲、法國等地，大眾用選票和各種管道發聲，清楚地表明不想花更多錢買汽油、燃料油和其他日常生活用品。

事實上，這些國家的人民也不希望氣候繼續暖化。他們真正擔心的是，解決這些問題的工具與方法，最終將會讓他們付出極為高昂的代價。

那麼我們又該如何解決坐享其成的問題呢？

設定遠大的目標、致力朝目標前進當然有用，這就好比各國在2015年簽定的《巴黎協定》。我們要嘲笑國際協議很簡單，但國際協議是推動進步的重要一環。如果你希望地球保有臭氧層，那麼就要衷心感謝《蒙特婁議定書》（Montreal

Protocol）這項國際協議。

一旦確立了這些目標，COP 21（巴黎氣候峰會）這類論壇就是各國聚首報告進展、分享工作成果的場合，也是迫使各國政府履行自身職責的機制。

只要各國政府一致認為，減少碳排放是具有價值的使命，那就很難（儘管也有不少的例子顯示，這也不無可能）對氣候議題置身事外地說：「這關我什麼事？我就是要繼續排放溫室氣體。」

那些拒絕從善如流的國家呢？眾所周知，想要讓國家扛起碳排的責任十分困難，但也不是全無可能。舉例來說，訂定碳價的政府就可以進行所謂的邊境調整機制，確保該產品無論是國內製造還是從國外進口都得支付碳價（他們需要對低收入國家的產品有所通融，因為低收入國首要任務是推動經濟成長，而不是減少本就極低的碳排）。

即使是沒有碳稅的國家也可以明確表示，凡是未把減少溫室氣體當作優先要務並採取相應政策的國家，就不得簽署貿易協定、建立多邊夥伴關係（同樣也對低收入國家予以通融）。事實上，各國政府可以對彼此說：「如果想跟我們做生意，就必須認真看待氣候變遷。」

實現科學突破的契機

最後是我看來最重要的一點：我們必須降低綠色溢價。這是唯一能提升中低收入國家減少碳排的意願、甚至最終歸零的方法，而這只能仰賴美國、日本和歐洲等富國登高一呼，以起帶頭作用。畢竟，世界上大部分的創新都在富國出現。

另外還有一點非常重要：降低各國支付的綠色溢價不是慈善事業。美國等富國不應把投資清潔能源研發，視為對其他國家的伸出援手，而應該視為實現科學突破的契機。這些創新會催生由大型企業組成的全新產業，創造就業機會的同時又減少碳排。

想一想NIH資助醫學研究後，所造就的所有益處。NIH公布成果報告，讓全球科學家都能從中受益，而這筆資金也鞏固了美國大學的研究能力，又能跟新創企業與大公司有所合作。結果就是，美國出口了先進醫學知識，不僅在國內創造了大量高薪工作機會，還拯救了世界各地民眾的生命。

科技領域同樣有類似的成功故事：國防部的早期投資促成了網際網路的誕生，同時讓掀起個人電腦革命的微晶片問世。

清潔能源的領域也可能有類似經驗。現在已有價值數十億美元的市場，等著有人發明低成本、零碳的水泥或鋼材，以及淨碳排為零的液態燃料。我一再想強調的是，這些創新突破的問世與規模化絕非易事，但目前商機大到絕對值得當領頭羊，帶著其他國家前進。早晚會有人發明這些技術，只是人與時間的問題。

無論就地方或國家來說，個人可以做出很多貢獻來加速實現目標。我們接下來會在最後一章詳細說明。

第十二章

人人都可以做的事

不是只有政治人物或慈善家才能有所作為，
無論你有哪些資源，都可以用聲音與選票實現改革。

面對氣候變遷這樣的大問題，很容易感到無能為力，但你並不是真的什麼都做不了。不一定要成為政治人物或慈善家才能有所作為，身為公民、消費者、員工或雇主，你都可以發揮影響力。

身爲公民

在你思考自己可以做什麼來減緩氣候變遷時，自然會想到開電動車或少吃肉之類的事。這類個人行為的重要性是在朝市場發出訊息（這點可參考本章下一節），但大部分的碳排是來自生活中更大的體系。

當有人想吃烤吐司當早餐時，我們需要確保整個體系能提供麵包、烤麵包機與烤麵包機所需要的電力，卻又不會釋放溫室氣體到大氣中。我們叫民眾不要吃烤吐司，也解決不了氣候問題。

但要把這個新能源體系落實到位，需要同心協力的政治行動。這就是為何政治參與，是各行各業要共同避免氣候災難，所能採取的最重要步驟。

我跟不同政治人物會晤後發現，氣候變遷只是他們關注的議題之一。政府高層得考量教育、就業、醫療、外交政策，這幾年來更要因應新冠肺炎疫情。他們理應如此，畢竟這些議題確實都需要關注。

但決策高層能同時處理的問題數量有限，而他們會依據選民表達的需求，決定哪些措施要優先採行。

換句話說，假如選民要看具體的氣候變遷因應方案，這些民意代表就會順應建議。幸虧有世界各地的社運團體，我們不需要自己高聲疾呼，已有數百萬人在呼籲政治人物採取行動。不過，我們需要把這些行動呼籲轉化為施壓，促使政治人物做出艱難的選擇和必要的取捨，以實現他們減碳排的承諾。

無論你擁有哪些資源，都可以運用自己的聲音和選票來實現改革。

打電話、寫信、參加市民大會。你可以幫助執政者了解，考量氣候變遷的長期問題有多重要，絕不亞於就業、教育或醫療問題。

這可能聽起來很老套，但寫信或打電話給當選的民意代表確實能發揮影響力。參議員和眾議員經常會拿到辦公室彙整的選民陳情報告。但不要只說，「針對氣候變遷想想辦法嘛。」先了解他們的立場再提問，明確表示這有助於決定你的投票意向，另外要求撥更多經費，投入清潔能源研發、訂定清潔能源標準、收取碳價，或者第十一章提到的其他政策。

既要關注地方，也要放眼全國。大量重要的決定都掌握在州長、市長、州議會和市議會手中。相較於對聯邦政府的影響，個別公民對州政府或地方政府的影響力更大。舉例來說，美國電力主要由全州公用事業委員會監管，委員往往不是投票選出就是政治任命。了解這些委員的身分，跟他們保持聯絡。

競選公職。競選美國國會議員，是一項高難度的任務。但你不必好高騖遠，可以從州或地方開始參政。無論如何，你很可能因此有更多的影響力。我們需要盡量集結公職人員的政策智慧、勇氣與創意。

身爲消費者

市場受供需關係所宰制。身為消費者，你可以站在需求的那方來發揮影響力。如果我們每個人各自改變購買與使用的產品，只要專注於有實質意義的改變，整體就會產生很大的作用。舉例來說，如果你有能力安裝智慧型溫控器，減少不在家時的能源消耗，那麼安裝就對了。此舉也會同時減少電費與溫室氣體的排放。

但減少個人碳排放稱不上是最有效果的事。你還可以影響市場動向，告訴市場你需要零碳的替代品、也願意付費。你只要多付錢買電動車、熱泵或素漢堡，形同表明：「這東西有市場，我們真的會買。」如果夠多人採取相同的舉動，企業就會加以因應。根據我的經驗，因應速度相當快。他們會把更多資金和時間投入於製造低碳排的產品，便有助這類產品的價格下降，到頭來也有助低碳產品的普及。這會提升投資人信心，更願意資助正在設法創新的公司，幫助我們實現零排放。

如果消費者沒有發出這類需求訊號，政府和企業投資的創新就會被束之高閣，或根本沒機會被開發出來，只因為沒有生產的經濟誘因。以下是個人可以採取的具體步驟：

向公用電力事業申請綠色定價方案。部分公用事業允許家庭和企業支付額外費用選擇清潔電力。美國目前有13個州的公用事業必須提供這個選項。可以在氣候與能源解決方案中心（Center for Climate and Energy Solutions，簡稱C2ES）的綠色定價方案地圖查看各州是否提供此項服務：www.c2es.org/document/green-pricing-programs。這些方案的用戶支付較高電費，以彌補再生能源的額外成本，即每千瓦時平均1至2美分，等於一般美國家庭每月平均多支出9至18美元。

當你參與這些方案時，就等於在告訴公用事業：你願意支付更多費用因應氣候變遷。這是十分重要的市場信號。

但是，這些方案並不能抵銷碳排放，也無助電網中再生能源發電量的實質成長，這點只有政府政策和投資才能辦得到。

減少自家碳排。根據你能騰出的金錢與時間，你可以用LED替換白熾燈泡、安裝智慧型溫控器、幫窗戶做好隔熱、購買高節能電器，或用熱泵代替冷暖空調系統（只要確保環境的氣候可以讓空調正常運轉）。如果你是在外租屋，就在許可範圍內做出改變，例如更換燈泡，同時鼓勵房東進行其餘的減碳工作。如果你正在蓋新家或翻新舊屋，可以選擇回收鋼材，運用結構隔熱層板、隔熱混凝土模板、閣樓或屋頂輻射阻隔物、反射隔熱材料和地基隔熱材料，來提高自家的節能效率。

購買電動車。電動車的成本與性能已有長足進步，雖然可能並不適合每個人（例如不適合太多長途公路旅行，而且不是每個人都方便在家充電），但對於許多消費者來說，電動車的價格愈來愈實惠。就此來說，消費者行為便可以產生巨大影響。如果民眾購買大量電動車，廠商就會跟著大量生產。

嘗試吃植物漢堡。我承認，素食漢堡的味道有時差強人意，但新一代的植物性蛋白質替代品有大幅進步，更接近真肉的味道與口感。你在許多餐廳、商店甚至速食餐廳都買得到。購買這些產品清楚表明了一件事，即生產植物肉是明智的投資。此外，每週只要吃一、兩次植物肉（或者乾脆不吃肉），就能減少自己的碳排量。對於乳製品也可以採取相同的原則。

身為員工或雇主

身為員工或股東，你可以推動自己的企業盡一份心力。當然，大企業在這些領域的影響最大，但小公司也可以做很多事情，假如透過當地商會等組織共同合作，會更有效果。

有些步驟相對容易。簡單的行動確實重要，譬如植樹來抵銷碳排，從環境和政治的角度來說都是好事，清楚表明個人對氣候變遷的關注。

但只做容易的事並不能解決問題，私部門也需要採取難度更高一點的措施。

首先，這意味著要承擔更大的風險。舉例來說，資助清淨能源的創新計畫，最後可能失敗收場，卻也可能有所突破。股東與董事會成員必須願意分擔這類風險，清楚向高層主管表明，即使計畫最終沒有成功，他們也願意進行明智的投資。此外，企業領袖只要願意採取行動對抗氣候變遷，就應該獲得相應的獎勵。

企業也可以彼此合作，鎖定最棘手的氣候難題來解決，意即要找出最高的綠色溢價，努力加以壓低。如果全球最大鋼材與水泥等材料的私部門消費者，集體要求使用更清潔的替代品，同時承諾投資於生產這些替代品所需的基礎設施，就會加速研究進度，把市場推往正確的方向改革。

最後，私部門可以提倡落實這些艱難的抉擇，例如同意使用自身資源來開發市場，並要求政府建立監管機制，好讓新技術可以成功。政治領導者是否關注最大的碳排放源，以及最艱難的技術困境？是否在談論電網規模的儲能、電燃料、核融合、碳捕集，以及零碳水泥和鋼材？假如答案都是否定，他們就無法幫助我們在2050年前達成零排放的目標。以下是私部門可以參考的具體步驟。

設立內部碳稅。如今，有些大企業向旗下每個部門都徵收碳稅。這些企業並不是口頭上說要減少碳排放，而是在幫助產品走出實驗室、打入市場，因為內部稅收可以直接用於減少綠色溢價的活動，並打造企業所需的清潔能源產品市場。員工、投資人與消費者可以提倡此方式，藉此支援負責執行的主管。

優先考量低碳解決方案的創新。大多數產業以往常把投資新點子掛在嘴邊，但企業研發的光輝歲月已一去不復返。如今，航空、材料與能源產業的企業研發費用平均不到營收的5%（軟體公司的研發費用高達15%以上）。企業應該重新把研發工作擺在前面，尤其是低碳的創新技術，其中不少都需要長期的投入。大企業可以與政府研究人員合作，替研究工作引進實務商業經驗。

當早期採用者。企業跟政府一樣，可以利用平時購買大量清潔產品，加快新技術的採用，像是公務車改為電動車、購買低碳材料來興建或翻修辦公大樓、承諾使用固定數量的清潔電力。世界上許多企業已致力使用再生能源來提供日常所需發電，包括微軟、谷歌、亞馬遜和迪士尼。航運公司馬士基（Maersk）已表示，預計在2050年前把淨排放量歸零。

即使這些承諾很難兌現，仍象徵重要的市場訊息，顯示開發零碳技術的價值。創新人士看到了需求，就知道有市場準備購買他們創新的產品。

參與政策制定過程。企業不能害怕與政府合作，政府也不應該害怕與企業合作。企業應該倡導實現零排放，並支持提供資金予基礎科學和應用研發計畫，來實現目標。有鑑於過去數十年來，企業研發工作減少，這點尤為重要。

結合政府補助研究。企業應該為政府的研發計畫提供建議，這樣基礎研究與應用研究就會集中在最有機會轉化為產品的點子上（沒有人比每天開發與銷售產品的企業，更了解產品成功的要素）。加入產業諮詢委員會、參與籌備工作，是給予政府研發計畫實務意見的低成本方式。

企業還可以藉由成本分擔協議，以及聯合研究專案，從旁協助研發。當年正是這類產官合作，催生了燃氣渦輪機與先進柴油引擎。

協助創新人士穿越死亡之谷。許多研究人員從來沒有把前景看好的想法轉化為產品，因為這個過程風險太大或太昂貴。成熟的企業可以開放試驗設施使用、提供成本相關數據。如果他們有更多的想法，可以提供研究獎金和育成計畫給創業人士、投資新技術、建立著重於低碳創新的業務部門，資助新的低碳排專案。

最後一點想法

可惜的是，有關氣候變遷的對話已呈現不必要的兩極化，而相互矛盾的資訊、混亂的說法更讓人霧裡看花。我們需要讓辯論更加深思熟慮、更加務實。最重要的是，我們需要把辯論集中於現實的具體計畫上，才能實現零排放。

我希望真的有某種神奇的發明，可以把對話引導至更有成效的方向。當然，天下並沒有這樣的發明存在，只能仰賴我們每個人的努力。

我希望我們可以透過與日常生活中的民眾（包括親朋好友和各個領袖）分享客觀事實，來改變對話。不僅僅分享我們採取行動的目的，也分享哪些行動最有效益。我寫下本書的目標之一，就是要喚起更多這類對話。

我也希望我們能夠團結起來，支持消弭政治分歧的計畫。正如我在前文中所述，這其實並沒有想像中那麼天真。目前沒有人壟斷氣候變遷有效解決方案的市場。無論你相信私部門的力量、支持政府干預、想發起社會運動或多管齊下，都可以找項務實的理念力挺。至於那些你無法支持的理念，你可能會覺得應該發聲反對，這當然可以理解，但我希望，你可以花更多時間和心力去支持自己贊同的理念，而不是批評你不贊同的。

隨著氣候變遷的大威脅逼近，我們很可能難以對未來懷抱希望。但正如我的朋友、已故全球衛生推廣家與教育家漢斯・羅斯林（Hans Rosling）在他備受讚譽的《真確》（*Factfulness*）一書中所寫的：「具備基於事實的世界觀後，便可以理解世界並沒有看起來那麼糟，我們就能明白自己必須採取的行動，努力讓世界愈來愈好。」

當我們對氣候變遷的觀點基於事實時，便能明白自己已有辦法來避免氣候災難，但依然缺乏其他工具。我們能看到推廣現有解決方案、開發所需創新的障礙，也能明白自己必須從事的工作，以克服這些障礙。

我對此抱持樂觀的態度，因為我很清楚科技的力量，也因為我知道社會大眾的能耐。我看到許多民眾對此無比熱心，特別是年輕人對解決這個問題展現的熱情，實在令人感動。如果我們著眼於最大的目標，也就是實現碳排歸零，並為此認真地擬定計畫，就能避免一場氣候災難。我們可以讓每個人都能度過氣候變遷、幫助數億窮困人口好好過活，並為未來的世世代代保護地球。

後記

氣候變遷與新冠病毒

我們必須在2050年之前實現淨零排放，

未來10年，沒有比投身這個遠大目標更重要的事了。

我在近代記憶中最動盪的時期即將結束時，完成這本書。疫情大流行徹底改變了我們工作、生活和社交的方式。與此同時，我們也迎來了對抗氣候變遷的新希望。

隨著拜登總統上任，美國有望在氣候議題上，重返領導地位；中國則誓言要在2060年實現碳中和的宏大目標；2022年，聯合國在埃及舉行第27屆氣候高峰會。當然，這些都不保證我們就一定會有進展，但至少機會是有的。

展望未來，我應該會花大部分時間跟世界各地的領導人，討論從疫情中得到的各種教訓，以及我們對抗疫情的指導原則和價值觀，同樣適用於對抗氣候變遷。雖然前面已經多多少少提到過，但我還是要不厭其煩地在這裡做個總結。

首先，國際間必須攜手合作，「同心協力、共度難關」，這類說法很容易被當成陳腔濫調，但真的就是這樣。當政府、科研人員和藥廠攜手對抗新冠病毒，抗疫取得了驚人的進展，例如在破紀錄的時間內完成疫苗的開發和測試。而當我們不願彼此學習，還妖魔化其他國家，或者拒絕相信口罩和社交距離可以減緩病毒的傳播，苦難就遲遲無法結束。

氣候變遷也是同樣的道理。富裕國家如果只顧減少自己的排放量，不努力使清潔能源技術變得人人都能使用，全球永遠不可能實現淨零排放。由此來看，幫助別人不只是利他行為，也符合自身的利益，我們全都有理由減到淨零排放，同時幫助其他人也做到這一點。只要印度沒有停止製造更多碳排放，德州的溫度就不可能停止上升。

其次，我們必須以科學馬首是瞻，指引接下來努力的方向。面對新冠病毒，我們從生物學、病毒學和藥理學中找答案，也參考政治學和經濟學，畢竟決定怎麼公平分配疫苗就是政治行為。正如流行病學能讓我們了解新冠病毒的風險，但沒辦法告訴我們怎麼消滅病毒，氣候科學讓我們知道為什麼不能再這樣下去了，但沒辦法告訴我們該怎麼做。要知道怎麼做，必須從工程學、物理學、環境科學和經濟學等領域找答案。

第三，我們的解決方案必須符合受害最嚴重者的需求。在新冠疫情下，受害最嚴重的是那些沒什麼選擇的人，沒辦法在家辦工、不能請假休養或照顧家人，而這些人大多數是有色人種和低收入戶。

在美國，黑人和拉丁裔染上新冠病毒和因此死亡的可能性都特別高。跟白人相比，黑人和拉丁裔學生也擁有較少在線上上課的資源。在受到聯邦醫療保險保護的美國人當中，窮人的新冠病毒死亡率是一般人的四倍。要有效控制美國的疫情，縮小這些差距是必須做的事。

在全球各地，新冠病毒使消除貧窮與疾病的進展倒退了幾十年，各國政府為了對抗疫情，不得不抽走其他計畫的人力和資金，包括疫苗接種計畫。健康指標與評估研究所（Institute for Health Metrics and Evaluation）的一項研究發現，2020年的疫苗接種率下降到1990年代的水平，在短短25週倒退了25年。

富裕國家本來就已大力捐助全球的衛生計畫，現在必須更加慷慨解囊，才能彌補這當中的損失。富國投入得愈多，全球各地的衛生系統愈強大，下一次大流行疫情來襲時，我們就有更好的準備。

同理，我們必須好好計劃怎麼樣才能公平地轉型到淨零排放的未來。誠如我在第九章中強調的，貧窮國家的人民需要援助，才有可能適應暖化後的世界，富裕國家也必須承認，能源轉型確實會嚴重打擊依賴現有能源系統的社會，也就是那些以煤礦、水泥、鋼鐵或汽車製造為主要產業的地區。此外，許多人的工作都依附在這些產業之上，當沒有那麼多煤炭和燃料要運送，卡車司機和鐵路工人的工作機會也將減少，勞工階級的行業有很大一部分都會受到影響，這些受影響的行業應該要有適當的轉型計畫才行。

最後，我們可以做一些既能挽救在新冠疫情中受創的經濟，又能激發創新來避免氣候災難的事情。

政府若能在清潔能源技術的研發上大力投資，不但能促進經濟復甦，也有助於減少排放。研發支出的最大效益確實要長期才看得出來，但這類支出也有立竿見影的效果：快速創造就業機會。美國政府在2018年投資於各研發領域的經費，直接或間接促成160萬個以上的就業機會，為勞工創造1,260億美元的收入，也為聯邦和州政府帶來390億美元的稅收。

經濟成長和零碳創新的交集不只是研發，各國政府還可以頒布有助於降低綠色溢價的政策，讓環保產品更能夠和化石燃料相關產品競爭，幫助清潔能源業者茁壯。政府針對新冠疫情的紓困方案撥款，也可以用於擴大再生能源的利用、興建整合式電力網等。

我對未來感到樂觀，有信心全球能控制住新冠疫情，也有信心人類會在對抗氣候變遷上取得真正的進展，因為全世界從來沒有像現在這麼有決心要解決氣候問題。

當全球經濟在2008年進入嚴重衰退，公眾對氣候行動的支持也急劇下降，大家都不認為自己有辦法同時應付兩種危機。

這次很不一樣，儘管疫情摧毀了全球經濟，大家對氣候行動的支持度仍然和2019年一樣高。看來，碳排放已經不再是我們可以放任不管，一再拖延的問題了。

現在的問題是，我們要怎麼利用這種勢頭？在我看來，答案很清楚：未來10年，我們應該致力於改善技術、政策和市場結構，讓全球能邁向在2050年之前實現淨零排放的目標。走過疫情這些年，我想不出還有什麼比接下來10年投身這個遠大目標更重要的事了。

致謝

我要感謝蓋茲創投和突破能源的同事們，沒有他們，這本書不可能完成。

Josh Daniel是十分難得的寫作夥伴，他幫助我把氣候變遷和清潔能源的複雜議題，以最簡單、最清晰的語言表達出來。如果這本書能夠達到我所期望的效果，主要是得力於他的寫作技巧。

我寫這本書是希望鼓勵大家採取有效的策略對抗氣候變遷，在這方面，沒有比Jonah Goldman和他的團隊（包括Robin Millican、Mike Boots和Lauren Nevin）更好的合作夥伴了，他們給了我許多關於氣候政策和應對策略的重要建議，確保本書中的想法都能發揮一定的影響力。

Ian Saunders負責本書的設計和編排，他獨到的創意令我十分信服。Anu Horsman和Brent Christofferson設計書中圖表（資料由Beyond Words提供專業協助），並為本書挑選了栩栩如生的照片。

Bridgitt Arnold和Andy Cook負責本書的推廣宣傳。

Larry Cohen以他一貫的沉穩和智慧，管理與這本書相關的所有工作。

由Trevor Houser和Kate Larsen領導的榮鼎集團很幫忙，他們的研究和意見在本書中隨處可見。

也要感謝突破能源風險投資基金的每一位董事：Mukesh Ambani、John Arnold、John Doerr、Rodi Guidero、Abby Johnson、Vinod Khosla、馬雲、Hasso Plattner, Carmichael Roberts 和 Eric Toone。

Jabe Blumenthal和Karen Fries就是書中所提的那兩位微軟前同事，他們在2006年讓我上了氣候變遷的第一堂課。那次見面，他們介紹我認識兩位氣候科學家，一位是當時在卡內基科學研究院的卡德拉博士，另一位是哈佛大學環境中心的大衛·凱思（David Keith）。從那時起，我向他們請教過無數次，這些對話逐漸形成了我的想法。

卡德拉和他的博士後研究員Candise Henry、Rebecca Peer和Tyler Ruggles，逐字逐句檢查書稿是否有事實錯誤，我衷心感謝他們細心校稿，如果還有任何漏網之魚都由我負責。

劍橋大學已故教授麥凱的機智與洞見給了我很多啟發，對於想深入研究能源和氣候變遷議題的讀者，我很推薦他的著作《可持續能源：事實與真相》。

曼尼托巴大學榮譽教授史邁爾是我見過最厲害的系統思考

型學者之一，他對本書的影響，最能從介紹能源轉型發展史的段落看出來。此外，他也讓我避免了不少錯誤。

多年來，我非常幸運能夠認識許多知識淵博的人，並且向他們學習。特別感謝參議員 Lamar Alexander、Josh Bolten、Carol Browner、朱棣文、Arun Majumdar、Ernest Moniz、參議員 Lisa Murkowski、Henry Paulson 和 John Podesta 等人不吝花許多時間與我討論。

Nathan Myhrvold看了初稿後回饋了很多周密的意見，他從不猶豫對我說出他的真實想法。即使沒有採納他的意見，我仍然感謝他的直言不諱。

一些朋友和同事也不吝花時間閱讀書稿，提出他們的意見，包括巴菲特、Sheila Gulati、Charlotte Guyman、Geoff Lamb、Brad Smith、Marc St. John、Mark Suzman和Lowell Wood。

我要感謝突破能源團隊的其他人：Meghan Bader、Julie Barger、Adam Barnes、Farah Benahmed、Ken Caldeira、Saad Chaudhry、Jay Dessy、Gail Easley、Ben Gaddy、Ashley Grosh、Jon Hagg、Conor Hand、Aliya Haq、Victoria Hunt、Anna Hurlimann、Krzysztof Ignaciuk、Kamilah Jenkins、Christie Jones、Casey Leiber、Yifan Li、Dan Livengood、Jennifer Maes、Lidya Makonnen、Maria Martinez、Ann Mettler、Trisha Miller、Kaspar Mueller、Daniel Muldrew、Philipp Offenberg、Daniel Olsen、

Merrielle Ondreicka、Julia Reinaud、Ben Rouillé d'Orfeuil、Dhileep Sivam、Jim VandePutte、Demaris Webster、Bainan Xia 夏柏楠、Yixing Xu 徐熠興 和 Allison Zelman。

衷心感謝蓋茲創投團隊的所有支持：Katherine Augustin、Laura Ayers、Becky Bartlein、Sharon Bergquist、Lisa Bishop、Aubree Bogdonovich、Niranjan Bose、Hillary Bounds、Bradley Castaneda、Quinn Cornelius、Zephira Davis、Prarthna Desai、Pia Dierking、Gregg Eskenazi、Sarah Fosmo、Josh Friedman、Joanna Fuller、Meghan Groob、Rodi Guidero、Rob Guth、Diane Henson、Tony Hoelscher、Mina Hogan、Margaret Holsinger、Jeff Huston、Tricia Jester、Lauren Jiloty、Chloe Johnson、Goutham Kandru、Liesel Kiel、Meredith Kimball、Todd Krahenbuhl、Jen Krajicek、Geoff Lamb、Jen Langston、Jordyn Lerum、Jacob Limestall、Abbey Loos、Jennie Lyman、Mike Maguire、Kristina Malzbender、Greg Martinez、Nicole MacDougall、Kim McGee、Emma McHugh、Kerry McNellis、Joe Michaels、Craig Miller、Ray Minchew、Valerie Morones、John Murphy、Dillon Mydland、Kyle Nettelbladt、Paul Nevin、Patrick Owens、Hannah Palko、Mukta Phatak、David Phillips、Tony Pound、Bob Regan、Kate Reizner、Oliver Rothschild、Katie Rupp、Maheen Sahoo、Alicia Salmond、Brian Sanders、KJ Sherman、Kevin Smallwood、Jacqueline Smith、

Steve Springmeyer、Rachel Strege、Khiota Therrien、Caroline Tilden、Sean Williams、Sunrise Swanson Williams、Yasmin Wazir、Cailin Wyatt、Mariah Young和Naomi Zukor。

我要感謝Knopf出版社的團隊。總編輯Bob Gottlieb一開始的支持，使本書得以成真，有關他的編輯功力如何高超的各種傳言都是真的。Katherine Hourigan純熟而優雅地領著這本書走過了編輯和印製的各個階段。也要感謝已故的Sonny Mehta，還有Reagan Arthur、Maya Mavjee、Tony Chirico、Andy Hughes、Paul Bogaards、Chris Gillespie、Lydia Buechler、Mike Collica、John Gall、Suzanne Smith、Serena Lehman、Kate Hughes、Anne Achenbaum、Jessica Purcell、Julianne Clancy和Elizabeth Bernar。還要感謝Lizzie Gottlieb把這個出書計畫介紹給她父親。

最後，我要感謝梅琳達、珍妮佛、羅里、菲比，以及我的姊妹Kristi和Libby，還有在我撰寫本書期間離世的父親，感謝他們給我滿滿的愛與支持，再沒有比他們更好的家人了。

注釋

前言

10　照片提供：James Iroha。

12　收入和能源消耗量是正相關：這張圖表的資料來源是世界銀行的世界發展指標（World Development Indicators），以創用 CC BY 4.0 方式授權，出處：https://data.worldbank.org。收入以 2014 年的購買力平價人均 GDP（當前國際美元）計算 ，能源消耗量以 2014 年人均消耗的等量石油公斤數計算，資料出自世界銀行世界發展指標所根據的國際能源總署（IEA）數據，蓋茲創投 LLC 編修，版權所有。

19　照片從左到右，在 2015 年時任中國科學技術部長萬鋼；沙國石油部長奈米（Ali Al-Naimi）；挪威首相瑟爾貝克（Erna Solberg）；日本首相安倍晉三；印尼總統佐科威（Joko Widodo）；加拿大總理杜魯多（Justin Trudeau）；比爾．蓋茲；美國總統歐巴馬；法國總統歐蘭德；印度總理莫迪；巴西總統羅賽芙（Dilma Rousseff）；智利總統巴切萊特（Michelle Bachelet）；丹麥總理拉斯穆森（Lars Lokke Rasmussen）；義大利總理倫齊（Matteo Renzi）；墨西哥總統潘尼亞涅托（Enrique Pena Nieto）；英國首相卡麥隆（David Cameron）；阿聯能源和氣候變化特使嘉伯（Sultan Al Jaber）。照片提供：Ian Langsdon/AFP via Getty Images。

第一章

31 你應該知道的三條線：這張圖表運用最新的第五階段耦合模式對比計畫（CMIP5）對未來氣候變遷的推估模擬，資料來源 KNMI Climate Explorer。

33 二氧化碳排放量增加，全球溫度跟著攀升：這張圖表的平均溫度變化資料出自 Berkeley Earth, berkeleyearth.org；二氧化碳排放量是以公噸來衡量，資料出自 Global Carbon Budget 2019，作者 Le Quéré, Andrew 等人，以創用 CC BY 4.0 方式授權，出處 essd.copernicus.org。

38 有一項研究估計：Solomon M. Hsiang and Amir S. Jina, "Geography, Depreciation, and Growth," *American Economic Review*, May 2015。

39 照片提供：AFP via Getty Images。

39 根據美國政府的估計：Donald Wuebbles, David Fahey, and Kathleen Hibbard, *National Climate Assessment 4: Climate Change Impacts in the United States* (U.S. Global Change Research Program, 2017)。

40 根據 IPCC 所引用的研究：R. Warren et al., "The Projected Effect on Insects, Vertebrates, and Plants of Limiting Global Warming to 1.5°C Rather than 2°C," Science, May 18, 2018。

41 玉米特別不耐高溫：World of Corn website, published by the National Corn Growers Association, worldofcorn.com。

41 僅愛荷華一州：Iowa Corn Promotion Board website, www.iowacorn.org.

45 那樣的乾旱發生機率提高了三倍：Colin P. Kelley et al., "Climate Change in the Fertile Crescent and Implications of the Recent Syrian Drought," *PNAS*, March 17, 2015。

45 有一項研究分析：Anouch Missirian and Wolfram Schlenker, "Asylum Applications Respond to Temperature Fluctuations," *Science*, Dec. 22, 2017。

第二章

53 照片來源：dem10/E+ via Getty Images and lessydoang/RooM via Getty Images。

55 我們就來算算看：U.S. Energy Information Administration, www.eia.gov。

57 碳排放從哪裡來：這張圖表的溫室氣體以二氧化碳當量（CO_2e）計算，資料出自榮鼎集團；人口資料出自 United Nations World Population Prospects 2019，以創用 CC BY 3.0 IGO 方式授權，出處 population.un.org。

58 照片提供：Paul Seibert。

60 照片提供：©Bill & Melinda Gates Foundation/Prashant Panjiar。

61 在部分亞洲地區: Vaclav Smil, *Energy Myths and Realities* (Washington, D.C.: AEI Press, 2010), 136–37。

61 再看看石油變成人類主要能源供應總共花了多少時間：資料來源同上，第 138 頁。

61 天然氣的發展軌跡也很類似：Vaclav Smil, *Energy Transitions* (2018)。

62 轉換到新能源型態需要花很長時間：現代再生能源包括風力、太陽能和現代生質燃料，資料來源 Vaclav Smil, *Energy Transitions* (2018)。

62 有些科學家就認為：Xiaochun Zhang, Nathan P. Myhrvold, and Ken Caldeira, "Key Factors for Assessing Climate Benefits of Natural Gas Versus Coal Electricity Generation," *Environmental Research Letters*, Nov. 26, 2014, iopscience.iop.org.

67 下降幅度是 3 億噸：Rhodium Group analysis。

第三章

77 需要多少電力：這張圖表顯示的是平均電力需求；尖峰時需求會更高，以美國 2019 年為例，尖峰時段電力需求為 704 吉瓦。

85 美國因此付出的經濟成本：Taking Stock 2020: The COVID-19 Edition, Rhodium Group, https://rhg.com。

第四章

91 照片提供：蓋茲家族。

92 全球有 8.6 億人沒有穩定的電力供應：這張圖表數據取自 IEA (2020), SDG7: Data and Projections, IEA 2020, www.iea.org/statistics。蓋茲創投 LLC 編修，版權所有。

93 引水覆蓋土地：Nathan P. Myhrvold and Ken Caldeira, "Greenhouse Gases, Climate Change, and the Transition from Coal to Low-Carbon Electricity," *Environmental Research Letters*, Feb. 16, 2012, iopscience.iop.org。

94 有一項研究發現：Vaclav Smil, *Energy and Civilization* (Cambridge, Mass.: MIT Press, 2017), 406。

94 這些補貼煤炭和天然氣生產商的免稅開支：已調整為 2019 年美元幣值計算，資料出自 U.S. Department of Energy Office of Scientific and Technical Information, "Analysis of Federal Incentives Used to Stimulate Energy Production: An Executive Summary," Feb. 1980, www.osti.gov。

95 要讓全球電力都來自清潔能源絕非易事：這張圖表的再生能源包括風力、太陽能、地熱和現代生質燃料。資料出自 bp Statistical Review of World Energy 2021, www.bp.com。

95 多數國家都有各種維持化石燃料價格低廉的措施：Wataru Matsumura and Zakia Adam, "Fossil Fuel Consumption Subsidies Bounced Back Strongly in 2018," IEA commentary, June 13, 2019。

96 照片提供：Universal Images Group via Getty Images

98 歐洲的情況也差不多：資料出自 "Decarbonisation Pathways," May 2018, cdn.eurelectric.org。

104　德國投入幾十億美元擴大再生能源的利用：Fraunhofer ISE, www.energy-charts.de。

104　只好把部分多餘電力輸送到鄰國波蘭和捷克：Zeke Turner, “In Central Europe, Germany’s Renewable Revolution Causes Friction,” *Wall Street Journal*, Feb. 16, 2017。

113　興建和營運一座發電站需要消耗多少材料：這張圖表中每兆瓦時電量所消耗的材料是以公噸來衡量；「太陽光電」指以太陽光電板把陽光轉換成電力。資料來源：美國能源部，*Quadrennial Technology Review: An Assessment of Energy Technologies and Research Opportunities* (2015), www.energy.gov。

115　核電危險嗎：這張圖表資料出自Markandya & Wilkinson; Sovacool 等人，以創用 CC BY 4.0 方式授權，出處 https://ourworldindata.org。

118　美國的離岸風力資源相當豐富：U.S. Department of Energy, “Computing America’s Offshore Wind Energy Potential,” Sept. 9, 2016, www.energy.gov。

119　麥凱在 2009 年出版的好書：David J. C. MacKay, *Sustainable Energy—Without the Hot Air* (Cambridge, U.K.: UIT Cambridge, 2009), 98, 109。

124　在任何地方都可以進行：Consensus Study Report, “Negative Emissions Technologies and Reliable Sequestration: A Research Agenda,” National Academies of Science, Engineering, and Medicine, 2019。

第五章

130　各個重達數千噸：Washington State Department of Transportation, www.wsdot.wa.gov.

131　照片提供：WSDOT。

131　自由女神像基座重量：“Statue Statistics,” Statue of Liberty National Monument, New York, National Park Service, www.nps.gov。

131 愛迪生十分清楚混凝土的魔力：Vaclav Smil, *Making the Modern World* (Chichester, U.K.: Wiley, 2014), 36。

133 中國製造極為大量的水泥：此圖以水泥產量的公噸數計算，資料出自美國國家地質調查所 T. D. Kelly, and G. R. Matos, comps., 2014, "Historical Statistics for Mineral and Material Commodities in the United States" (2016 version): U.S. Geological Survey Data Series 140, accessed December 6, 2019; USGS Minerals Yearbooks – China (2002, 2007, 2011, 2016), www.usgs.gov。

133 塑膠也是讓汽車得以節能的關鍵：American Chemistry Council, "Plastics and Polymer Composites in Light Vehicles," Aug. 2019, www.automotiveplastics.com。

135 照片提供：路透社 / Carlos Barria。

137 中國是目前最大的水泥生產國：U.S. Department of the Interior, U.S. Geological Survey, "Mineral Commodity Summaries 2019."。

137 從現在一路到 2050 年：Freedonia Group, "Global Cement—Demand and Sales Forecasts, Market Share, Market Size, Market Leaders," May 2019, www.freedoniagroup.com。

140 塑膠、鋼材與水泥的綠色溢價：僅估算直接排放的部分，製程使用電力的碳排放未納入計算。資料出自榮鼎集團。

第六章

149 我們還必須因應毀林與其他土地用途：資料出自榮鼎集團內部分析報告。

150 養活全人類的戰鬥：出自保羅．埃利希的名著《人口爆炸》，New York: Ballantine Books, 1968。

150 印度人口再成長了 8 億多：資料出自世界銀行 data.worldbank.org。

150 美國家戶平均飲食預算：資料出自 Derek Thompson, "Cheap Eats: How America Spends Money on Food," *The Atlantic,* March 8, 2013, www.theatlantic.com。

153 大部分國家的肉類消費都未增加：此圖表以公噸來衡量，統計包括牛肉、羊肉、豬肉、家禽，資料出自經濟合作暨發展組織（OECD），OECD-FAO Agricultural Outlook, https://stats.oecd.org (accessed October 2020)。

154 全球大約飼養了 10 億頭牛：資料出自聯合國糧食及農業組織 www.fao.org。

155 法國的美食大餐：資料出自聯合國教科文組織有關法國傳統美食的介紹 ich.unesco.org。

156 平均來說，牛絞肉的替代品成本高出 86%：Online survey of U.S. retail prices in September 2020 conducted by Rhodium Group。

159 照片提供：Gates Notes, LLC。

161 窮國與富國的農業差距極大：根據每公頃土地的玉米產量來看，資料來源 Food and Agriculture Organization of the United Nations. FAOSTAT. OECD-FAO Agricultural Outlook 2020-2029。

164 1990 年以來，全球喪失了約 130 萬平方公里的林地：資料出自 World Bank Development Indicators, databank.worldbank.org。

165 亞馬遜雨林受到破壞：資料出自 Janet Ranganathan et al., "Shifting Diets for a Sustainable Food Future," World Resources Institute, www.wri.org。

165 印尼成為全球第四大溫室氣體排放國的主因：資料出自世界資源研究所 "Forests and Landscapes in Indonesia," www.wri.org。

第七章

173 2050 年前，交通需求仍將持續增加：資料來自經濟合作暨發展組織的預測 www.oecd-ilibrary.org。

174 新冠肺炎疫情只減緩了交通碳排的成長，但並未停止：歷史排放紀錄來自榮鼎集團；排放數據根據國際能源署的資料，World Energy Outlook, IEA 2020, www.iea.org/statistics，蓋茲創投LLC編修，版權所有。

175 全世界有大約 10 億輛汽車在路上行駛：資料出自 International Organization of Motor Vehicle Manufacturers (OICA), www.oica.net。

175 多了大約 2,400 萬輛載客車：根據世界汽車工業國際協會的算法，每年增加 6,900 萬輛汽車，淘汰約 4,500 萬輛汽車。

176 小汽車並非唯一的罪魁禍首：資料出自 Beyond road vehicles: Survey of zero-emission technology options across the transport sector by Hall, Pavlenko, and Lutsey，以創用 CC BY-SA 3.0 方式授權。

177 考量到這些差異與持有成本：資料出自榮鼎集團。

178 雪佛蘭對上雪佛蘭：2022 年的規格，資料出自 www.chevrolet.com. Illustrations ©izmocars，版權所有。

181 先進生質燃料取代汽油的綠色溢價：資料出自榮鼎集團，Evolved Energy Research, IRENA, and Agora Energiewende；表格中的零售價是 2015 到 2018 年美國的平均值，零碳方案反映了當時的估價。

182 零碳方案取代汽油的綠色溢價：資料出自榮鼎集團，Evolved Energy Research, IRENA, and Agora Energiewende；表格中的零售價是 2015 到 2018 年美國的平均值，零碳方案反映了當時的估價。

182 美國一般家庭每年的汽油花費：資料出自 U.S. Energy Information Administration, www.eia.gov。

183 中國深圳：Michael J. Coren, "Buses with Batteries," *Quartz,* Jan. 2, 2018, www.qz.com。

183 根據卡內基美隆大學兩位機械工程師 2017 年的研究：資料出自 Shashank Sripad and Venkatasubramanian Viswanathan, "Performance Metrics Required of Next-Generation Batteries to Make a Practical Electric Semi Truck," *ACS Energy Letters,* June 27, 2017, pubs.acs.org。

184 照片提供：Bloomberg via Getty Images。

185 零碳方案取代柴油的綠色溢價：資料出自榮鼎集團，Evolved Energy Research, IRENA, and Agora Energiewende；表格中的零售價是 2015 到 2018 年美國的平均值，零碳方案反映了當時的估價。

186 一架中等承載能力的波音 787：資料出自 Boeing,www.boeing.com。

186 零碳方案取代噴射客機燃料的綠色溢價：資料出自榮鼎集團，Evolved Energy Research, IRENA, and Agora Energiewende；表格中的零售價是 2015 到 2018 年美國的平均值，零碳方案反映了當時的估價。

187 載運貨物的船隻也是如此：資料出自 Kyree Leary, "China Has Launched the World's First All-Electric Cargo Ship," Futurism, Dec. 5, 2017, futurism .com; "MSC Receives World's Largest Container Ship MSC Gulsun from SHI," Ship Technology, July 9, 2019, www.ship-technology.com。

187 零碳方案取代燃料油的綠色溢價：資料出自榮鼎集團，Evolved Energy Research, IRENA, and Agora Energiewende；表格中的零售價是 2015 到 2018 年美國的平均值，零碳方案反映了當時的估價。

188 零碳方案取代現有燃料的綠色溢價：資料出自榮鼎集團，Evolved Energy Research, IRENA, and Agora Energiewende；表格中的零售價是 2015 到 2018 年美國的平均值，零碳方案反映了當時的估價。

190 2021 年，美國人購買了超過 300 萬輛汽車：資料出自 S&P Global Market Intelligence.

第八章

194 人類一直想方設法要對抗炎熱的天氣：A. A’zami, “Badgir in Traditional Iranian Architecture,” Passive and Low Energy Cooling for the Built Environment conference, Santorini, Greece, May 2005。

194 目前已知第一台冷空氣製造機：資料出自 U.S. Department of Energy, “History of Air Conditioning,” www.energy.gov. Also “The Invention of Air Conditioning,” *Panama City Living,* March 13, 2014, www.panamacityliving .com。

195 距今才一百多年：資料出自國際能源署，“The Future of Cooling,” www. iea.org。

196 全世界有 16 億台空調系統：資料出自國際能源署 www.iea .org。

196 2018 年的銷量就成長了 15%：資料出處同上一則。

197 空調上路：資料出自國際能源署 The Future of Cooling, IEA (2018), www. iea.org/statistics. All rights reserved; as modified by Gates Ventures, LLC。

198 美國政府要求貼出節能標籤：資料出自 U.S. Environmental Protection Agency, www.epa.gov。

201 美國主要城市安裝空氣源熱泵的綠色溢價：資料出自榮鼎集團 This table shows the net present value of an air-sourced heat pump versus a natural gas heater and an electric A/C in a new house. Costs are calculated using a 7 percent discount rate and current prices for electricity and natural gas as of summer 2019 and a 15-year life span for the heat pump。

201 如果熱泵這麼划算：資料出自 U.S. Energy Information Administration, www.eia.gov。

203 零碳方案取代現有供熱燃料的綠色溢價：資料出自榮鼎集團 Evolved Energy Research, IRENA, and Agora Energiewende；表格中的零售價是 2015 到 2018 年美國的平均值，零碳方案反映了當時的估價。

203 假如室內暖氣使用天然氣：資料來源同上一則。

204 西雅圖的布特利中心：資料出自 Bullitt Center, www.bullittcenter.org。

205 照片提供：Nic Lehoux。

第九章

211 照片提供：©Bill & Melinda Gates Foundation/Frederic Courbet。

213 全世界共有 5 億座小農經營的農場：Max Roser, Our World in Data website, ourworldindata.org。

213 一般肯亞人產生的二氧化碳：資料出自世界銀行，www.data.worldbank.org。

215 世界各國都明白這些措施的最佳實行方式：GAVI, www.gavi.org。

219 照片提供：From the photo collection of the International Rice Research Institute (IRRI), Los Banos, Laguna, Philippines。

220 讓挹注 CGIAR 的資金加倍：Global Commission on Adaptation, *Adapt Now: A Global Call for Leadership on Climate Resilience,* World Resources Institute, Sept. 2019, gca.org。

221 成果不容小覷：Food and Agriculture Organization of the United Nations, *State of Food and Agriculture: Women in Agriculture, 2010–2011,* www.fao.org。

225 照片提供：Mazur Travel via Shutterstock。

228 赤貧人口大幅下降：資料出自世界銀行 "Decline of Global Extreme Poverty Continues but Has Slowed," www.worldbank.org。

第十章

235 照片提供：Mirrorpix via Getty Images。

237 投入各種心力：U.S. Energy Information Administration, www.eia .gov。

249　德國提供了低利貸款來安裝太陽能板：資料出自國際能源署。

249　2011 年，美國為國內五大太陽能企業提供貸款擔保：U.S. Energy Department, "Renewable Energy and Efficient Energy Loan Guarantees," www.energy.gov。

251　照片提供：Sirio Magnabosco/EyeEm via Getty Images。

第十一章

261　計畫前後共耗時 13 年：Human Genome Project Information Archive, "Potential Benefits of HGP Research," web.ornl.gov。

261　有項獨立研究發現：Simon Tripp and Martin Grueber, "Economic Impact of the Human Genome Project," Battelle Memorial Institute, www.battelle.org。

第十二章

291　具備基於事實的世界觀後：Hans Rosling, *Factfulness: Ten Reasons We're Wrong About the World—and Why Things Are Better than You Think,* with Ola Rosling and Anna Rosling Rönnlund (New York: Flatiron Books, 2018), 255。

後記

295　黑人和拉丁裔："Race, Ethnicity, and Age Trends in Persons Who Died from COVID-19—United States, May–August 2020," U.S. Centers for Disease Control, www.cdc.gov。

295　在受到聯邦醫療保險保護的美國人當中："Preliminary Medicare COVID-19 Data Snapshot," Centers for Medicare and Medicaid Services, www.cms.gov。

296 一項研究發現："Goalkeepers Report 2020," www.gatesfoundation.org。

296 美國政府在 2018 年投資於各研發領域的經費："Impacts of Federal R&D Investment on the U.S. Economy," Breakthrough Energy, www.breakthroughenergy.org。